Ioana Stanciu

Melhoramento de óleos com nano aditivos: Otimização Reológica e Tribológica

Ioana Stanciu

Melhoramento de óleos com nano aditivos: Otimização Reológica e Tribológica

ScienciaScripts

Cover image: www.ingimage.com

This book is a translation from the original published under ISBN 978-620-7-65423-9.

Publisher:
Sciencia Scripts
is a trademark of
Dodo Books Indian Ocean Ltd. and OmniScriptum S.R.L publishing group

120 High Road, East Finchley, London, N2 9ED, United Kingdom
Str. Armeneasca 28/1, office 1, Chisinau MD-2012, Republic of Moldova, Europe
Printed at: see last page
ISBN: 978-620-7-74984-3

Conteúdo

I. Estudo dos lubrificantes vegetais utilizados como aditivos

1.1.1. Análise SWOT dos lubrificantes à base de óleo vegetal

Os óleos vegetais podem atuar como aditivos anti-desgaste e modificadores de fricção devido às suas fortes interacções com as superfícies com que entram em contacto, especialmente as superfícies metálicas [88]. As cadeias moleculares de ácidos gordos e a presença de grupos polares na estrutura dos óleos vegetais dão-lhes a possibilidade de aderir e permanecer nas superfícies em contacto, mesmo em regimes relativamente severos [2].

A análise SWOT para a introdução de óleos vegetais como lubrificantes indica que um certo número de propriedades deve ser considerado aquando da decisão sobre esta solução de lubrificação [10-14].

Os pontos fortes são os seguintes:

- carácter biodegradável [32-34],
- proteção do ambiente e/ou aceitabilidade (não poluente ou amigo do ambiente), [40],
- a extração a partir de recursos renováveis ou a possibilidade de reciclar ou reutilizar o lubrificante [3-9],
- índice de viscosidade elevado [14, 15],
- boas características de inflamabilidade, pontos de auto-ignição e elevada temperatura de ignição em superfícies quentes.

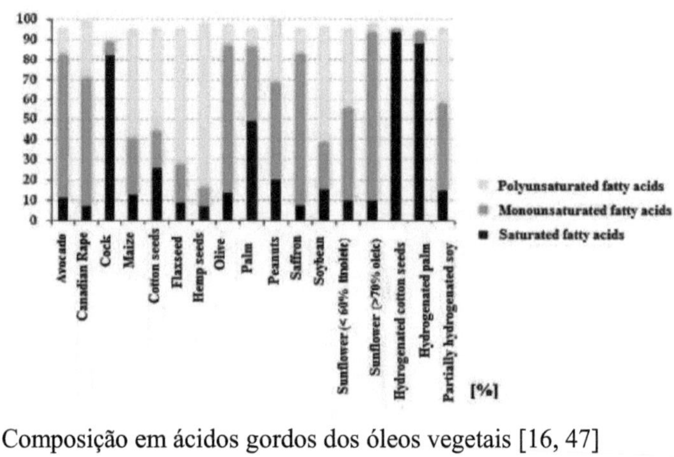

Fig. 1.1. Composição em ácidos gordos dos óleos vegetais [16, 47]

Os pontos fracos estão frequentemente relacionados com a composição química destes óleos e consistem numa mistura de ácidos gordos (Fig.1.1.), insaturados, que têm uma grande influência na diminuição da fiabilidade dos óleos utilizados como lubrificantes:

- baixa viscosidade em comparação com os óleos minerais e sintéticos [8, 33,

38, 39],

- oxidação e baixa estabilidade química [15], [49]; existe uma correlação entre o grau de insaturação dos óleos vegetais e a sua estabilidade oxidativa [37],
- sensibilidade à humidade,
- gama de temperaturas mais baixa do que a dos óleos minerais e sintéticos [29],
- muitas das propriedades dos óleos vegetais são mais dependentes do tempo do que as dos óleos minerais e sintéticos,
- propriedades mais fracas a baixas temperaturas para os óleos vegetais do que para outros lubrificantes [50],
- limite baixo em regimes severos quando testado na máquina de 4 bolas [18].

As oportunidades são:

- o cumprimento de requisitos de proteção ambiental mais rigorosos reduz os riscos de poluição e de doença,
- o elevado risco de esgotamento dos recursos petrolíferos e a necessidade de os substituir é um problema que tem de ser resolvido para a economia mundial.

As ameaças incluem:

- a necessidade de remodelar as instalações e os equipamentos que utilizam biofluidos, uma solução que irá certamente aumentar o custo,
- a redução aceite de certos parâmetros de funcionamento do sistema (nomeadamente a carga e a manutenção, sem nos limitarmos apenas a estes),
- o preço ainda elevado (não esquecer que, em 1990, os óleos sintéticos eram dez vezes mais caros do que os óleos minerais, mas atualmente essa relação é de apenas 3 para 1),
- a diversidade das especificações de proteção ambiental e de segurança e uma política global que não abordava claramente os aspectos ambientais.

1.1.2. Nanoaditivos para lubrificantes

Os óleos vegetais formulados utilizavam aditivos de desempenho semelhantes aos utilizados para os óleos derivados do petróleo, que são maioritariamente não polares, enquanto os triglicéridos são altamente polares. Assim, os aditivos convencionais utilizados para os óleos derivados do petróleo têm problemas quando adicionados aos óleos vegetais. Muitas vezes, é necessário utilizar um agente dispersante.

Por último, os lubrificantes à base de óleo vegetal requerem uma atenção especial para aumentar o seu tempo de vida útil. Também deve ser tido em conta que a água em qualquer sistema de lubrificação existente não é um fator positivo, por várias razões, incluindo o facto de muitos aditivos se deteriorarem, aumentarem a formação de ácido, danificarem os vedantes, criarem ferrugem e acelerarem o desgaste. A maioria dos fluidos à base de óleos vegetais é mais suscetível à degradação hidrolítica, que pode resultar na formação de ácidos, mais suscetível à precipitação de aditivos e, como já foi referido, propensa à instabilidade oxidativa.

No entanto, na última década, as reservas de plantas oleaginosas (colza, soja, rícino) melhoraram, os aditivos melhoraram do ponto de vista químico e as melhorias introduzidas no conhecimento da formulação de lubrificantes permitiram o desenvolvimento de produtos biodegradáveis com um desempenho elevado semelhante ou superior ao dos fluidos petrolíferos convencionais.

Os nanoaditivos podem aumentar o tamanho da carga no lubrificante, tal como o nitreto de Bohr hexagonal (70 nm) no óleo de motor diesel SAE 15W-40 [1]. Foi adicionada uma concentração de 0,3 vol% de surfactante (ácido oleico) para evitar a sedimentação das nanopartículas. Foram aplicados dez incrementos de carga, com início em 196 N e até 1570 N, tendo cada teste a duração de 10 segundos.

Com base na literatura recente [41], os aditivos para lubrificantes podem ser agrupados como na Tabela 1.1. Os aditivos multifuncionais em óleos vegetais são de particular interesse porque podem proporcionar uma melhoria em várias características, especialmente a viscosidade e a estabilidade à oxidação.

Tabela 1.1. Classificação dos aditivos para lubrificantes [13, 35, 37, 41, 46, 53]

Modificadores de propriedades químicas	Modificadores de propriedades físicas	Modificadores de desgaste e fricção		Aditivos de extrema pressão
		inorgânico	orgânico	
- aditivos para controlo de depósitos - aditivos anti-oxidação - detergentes - agentes anti-toxicidade - promotores de biodegradabilidade	aditivos de controlo da viscosidade ponto de fluidez depressores aditivos anti-espuma dispersantes	metais [25], [27], [30] óxido de sais (metálicos ou não) Materiais à base de carbono	amidas imidas amen polímeros orgânicos ácidos carboxílicos e seus derivados ácido esteárico e seus ésteres ácido fosfórico	ZDDP isobuteno sulfurado óleos gordos e olefinas éteres sintéticos e sulfurados óleos e gorduras sulfurados + olefina

1.1.3. Investigação no domínio dos óleos vegetais.

O número de aditivos compatíveis com os óleos vegetais, os ésteres sintéticos ou os polialquilglicóis é pequeno em comparação com o número de aditivos compatíveis com os óleos minerais de base. Um pacote de aditivos para óleos vegetais pode conter: detergentes, dispersantes, agentes anti-corrosão e anti-oxidação, agentes anti-espuma, modificadores de viscosidade e aditivos anti-desgaste, despressurizadores do ponto de fluidez. É difícil determinar a influência sinérgica de um tal pacote de aditivos, mas os aditivos devem ser isentos de cinzas (contendo Ca, Na, K, Mg e nenhum outro metal) e também não tóxicos [22]. Entre os sabões, os sabões à base de cálcio são considerados menos tóxicos em comparação com outros tipos (por exemplo, à base de lítio), e os sabões em geral são considerados menos tóxicos do que os espessantes à base de grafite [19].

Os problemas relacionados com a nano-adição de óleos vegetais estão geralmente relacionados com:

- concentração, forma e tamanho das nanopartículas,
- compatibilidade com a composição do óleo,
- estabilidade química e física ao longo do tempo e nos parâmetros do regime de funcionamento,
- aglomeração, sedimentação e dispersão de nanopartículas,
- A baixa aditividade causada pela água que pode estar presente em qualquer sistema de lubrificação; a água também aumenta a formação de ácidos, danifica os vedantes, gera ferrugem e acelera o desgaste. A maioria dos biofluidos é suscetível de fissuração hidrolítica, o que pode levar à formação de ácido e à precipitação de aditivos.

Na literatura especializada aparecem revisões sobre aditivos para lubrificantes [4, 46], mas apenas algumas delas tratam da influência de nanoaditivos em óleos vegetais, não sendo os resultados obtidos suficientemente satisfatórios em comparação com a adição de óleos minerais e sintéticos. A adição de nanopartículas a um óleo de base (mineral, sintético, vegetal) é uma abordagem promissora para melhorar algumas características como a resistência à fricção e ao desgaste, a resistência térmica e química, mas a literatura não fornece recomendações claras de formulação e a utilização de novos lubrificantes sem aditivos sem testes laboratoriais, especialmente aqueles que poderiam fornecer dados que podem ser comparados com os aditivos clássicos.

Pequenas partículas nanométricas de grafite [12], nitreto de boro [1], [28], minerais naturais e sintéticos, MoS2 [10], WS2 [3] e politetrafluoroetileno (PTFE) [17] têm sido utilizadas tanto como aditivos em lubrificantes como em lubrificantes sólidos. Estas partículas tendem a depositar-se, pelo que as suas dimensões e propriedades tribológicas diminuem na presença de humidade e oxigénio, o que leva à limitação das suas aplicações [44]. Foram efectuados testes sobre a adição de nanopartículas com dimensões entre 2 e 120 nm a lubrificantes como modificadores de fricção para reduzir eficazmente o desgaste e a fricção. Em particular, foram testadas nanopartículas à base de compostos de carbono, metais, óxidos metálicos, sulfuretos metálicos, boratos metálicos, carbonatos metálicos, compostos de terras raras e SiO_2 [7], [45], [6] e os seus desempenhos tribológicos como modificadores de fricção dependem do grau de cristalinidade, tamanho, forma e concentração [46].

A adição de óleos vegetais está ainda a dar os primeiros passos. Na sua maioria, apenas foram estudados os óleos minerais e sintéticos. Relativamente à adição de óleos vegetais, existem duas tendências:

- utilizar os mesmos aditivos que para os óleos acima referidos,
- formular novos aditivos com base nas características específicas dos óleos vegetais.

A concentração de nanoaditivos no óleo de base influencia fortemente as propriedades tribológicas, mas a determinação do valor ótimo é bastante difícil através de métodos teóricos. É por isso que se recomenda que se baseie em testes laboratoriais. Uma vez que existem muitas propriedades tribológicas que podem ser afectadas pelo aditivo, o engenheiro tem de aceitar um compromisso: otimizar um parâmetro (um de grande interesse), melhorar outros parâmetros e tornar os efeitos induzidos aceitáveis. Por exemplo, os nanoaditivos podem reduzir o desgaste, mas também aumentar o valor do coeficiente de atrito e o valor da temperatura de contacto. Os ensaios podem afinar esta abordagem do sistema quando realizados com parâmetros na gama de aplicação real.

Há também investigadores que incluíram os óxidos metálicos na categoria de aditivos de extrema pressão [35], mas devido à sua fraca atividade química nos substratos e ao facto de as camadas não serem contínuas e estáveis ao longo do tempo, estes aditivos podem ser considerados como fazendo parte da categoria de aditivos modificadores da fricção e do desgaste.

Apesar de muitos autores terem escrito sobre a formação de uma película lisa e compacta na superfície desgastada, responsável pela redução do atrito e do desgaste, relatórios recentes e investigações SEM revelam que esta película formada não é contínua, sendo muitas vezes apenas uma camada instável semelhante a um pó, composta por nano-placas, laminadas ou não [11], [26], [51].

A literatura refere ensaios com óleos vegetais, mas os resultados estão longe de ser comparáveis e úteis para aplicações à escala industrial. A informação sobre o comportamento destes óleos vegetais, após o ensaio na máquina de 4 bolas, é de interesse porque é possível.

I.1.4. Padrões de nanoaditivos para reduzir o atrito e o desgaste

Embora o modelo tenha sido criado para a utilização de TiO2 como lubrificante em água, também pode ser utilizado para explicar o comportamento de lubrificantes com outras nanopartículas (óxidos metálicos, materiais à base de carbono, etc.). O mecanismo de lubrificação com nano aditivos também foi

descrito por outros investigadores [51-53], [12].
Wu [84] propôs um modelo que tem em conta a concentração do aditivo (Fig.1.2 e Fig.1.3).

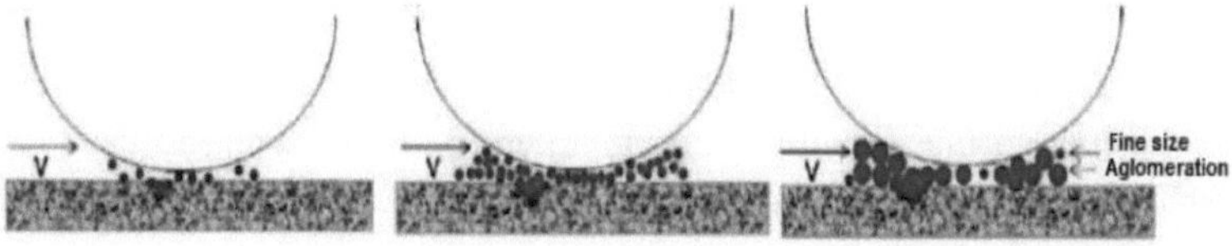

Fig. 1.2. Efeito das dimensões das partículas [84]

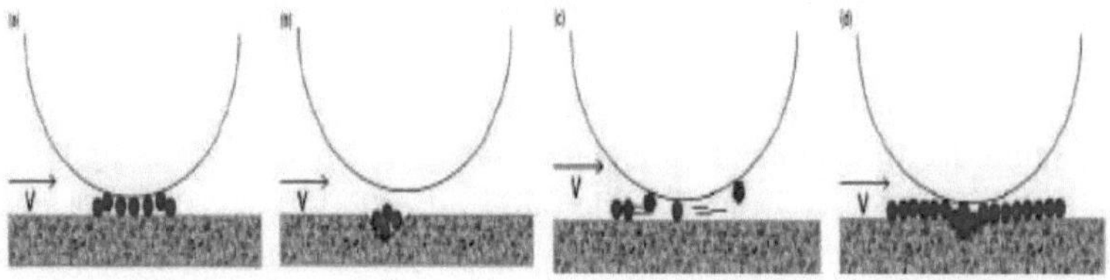

Fig. 1.3. Mecanismos de lubrificação quando são utilizadas nanopartículas no lubrificante: a) rolamento, b) enchimento, c) polimento, d) película protetora [84]

A Figura 1.4 mostra imagens de SEM das marcas de desgaste das esferas ensaiadas na máquina de 4 esferas para óleo de colza adicionado de 1% de TiO_2, a uma velocidade de deslizamento de 0,69 m/s e a cargas de 100 N, 200 N e 300 N [12], observando-se que a dispersão das nanopartículas não é uniforme, e algumas partículas aglomeram-se, tendo dimensões da ordem dos microns.

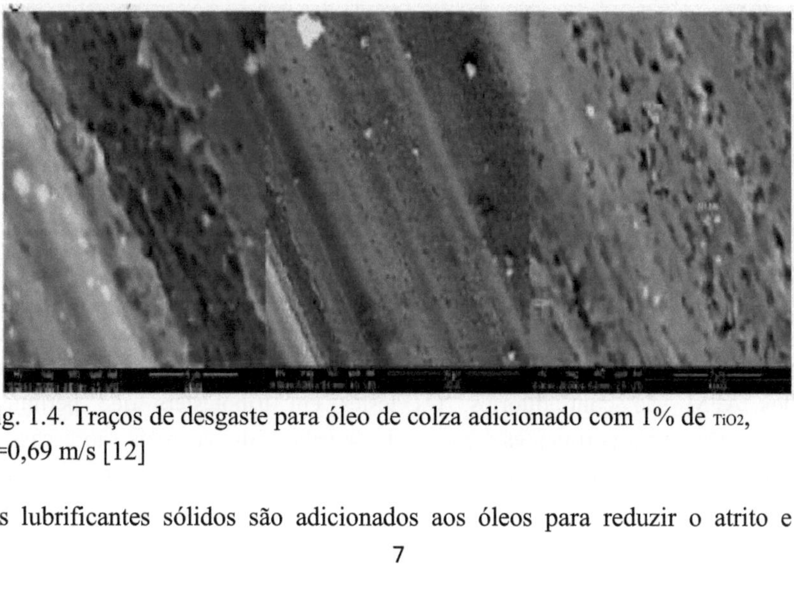

Fig. 1.4. Traços de desgaste para óleo de colza adicionado com 1% de TiO_2, v=0,69 m/s [12]

Os lubrificantes sólidos são adicionados aos óleos para reduzir o atrito e o desgaste. Este grupo de modificadores de fricção inclui materiais que contêm carbono (fulerenos, nanotubos, grafite, grafeno, etc.), mas também sulfuretos de tungsténio e molibdénio, polímeros fluorados [46]. Os lubrificantes sólidos (micro ou nano) ajudam na situação em que as superfícies de deslizamento têm uma textura mais áspera, "nivelando" o perfil de ambas as superfícies. São recomendados em lubrificantes para movimentos alternativos (no caso do anel de pistão), produzindo uma redução do desgaste. É geralmente adicionado a lubrificantes que entram em contacto com superfícies com as quais os aditivos de extrema pressão não podem reagir quimicamente, tais como polímeros e materiais cerâmicos e alguns dos seus compósitos [41].

Os óleos vegetais podem ter uma excelente lubricidade, muito superior à do óleo mineral. A polaridade do óleo vegetal melhora as características anti-desgaste porque tem uma afinidade com o metal e protege a superfície [5]. Alguns óleos vegetais refinados, descolorizados e desodorizados (RBD) passaram nos ensaios de desgaste pelo método de ensaio da bomba hidráulica, de acordo com as normas ASTM D2882 e ASTM D2271, no estado natural sem aditivos. Estes óleos sem aditivos decompõem-se termicamente devido à sua instabilidade oxidativa, mas têm um bom desempenho nos ensaios de desgaste [37].

I.1.5 Nanopartículas à base de carbono como aditivos em lubrificantes

A utilização de materiais de nanocarbono é mais recente - a última década. Os especialistas dividem os materiais de nanocarbono em quatro classes, consoante a alotropia do carbono: dimensão zero, unidimensional ou 1D, bidimensional ou 2D, tridimensional ou 3D.

Materiais de carbono com dimensão zero. O nome está associado na literatura especializada à forma esférica das nanopartículas (fulerenos). A literatura ainda não esclarece se também estão associados a materiais amorfos (carbono amorfo).

Materiais de carbono unidimensionais. Nesta classe são considerados os nanotubos de carbono, os nanofios e os nanobastões, dois dos quais têm dimensões muito mais pequenas do que os outros. As suas aplicações são muito variadas, desde sensores, passando por compósitos poliméricos, cerâmicos ou metálicos, até aditivos para lubrificantes líquidos.

Materiais 2D à base de carbono. Nesta classe inclui-se o grafeno, com uma disposição em forma de favo de mel, com propriedades anti-desgaste e de redução do atrito [56-59]. Até à data, os padrões de fricção do grafeno e os dados AFM são contraditórios. Os testes em tribotesters que permitem comparações mais pertinentes e próximas de tribossistemas reais são escassos, pelo que o estudo proposto para esta tese será útil para a utilização do grafeno na prática.

Lin et al. [60] estudaram a estabilidade de bolachas de grafeno em óleo e testaram como agentes dispersantes: dodecil benzeno sulfonato de sódio, ácido esteárico, cloreto de dodecil trimetil amónio, ácido oleico, monooleato de sorbitano e polissorbato. Concluíram que, de todas estas substâncias, o ácido esteárico e o ácido oleico são os modificadores mais adequados. A concentração ideal de grafeno modificado foi de 0,075 wt%, o que permitiu melhorar o desgaste por contacto e a capacidade de carga. Os resultados foram superiores à adição do mesmo óleo com flocos de grafite natural.

Materiais de carbono 3D Embora as partículas de diamante à microescala sejam utilizadas para o superacabamento de superfícies, verificou-se que, ao nível nanométrico, estas partículas actuam segundo o princípio dos rolamentos, como esferas rolantes entre as duas superfícies deslizantes. Os resultados relativos aos nanodiamantes são contraditórios.

Lee [61] estudou a grafite como um nanoaditivo num óleo mineral para engrenagens (220 cSt a 20 °C, Supergear EP220, SK, Coreia), mas este óleo também tinha aditivos EP. O tamanho médio da grafite era de 55 nm. Os aglomerados de partículas actuam como um contaminante e aumentam o risco de gerar um desgaste abrasivo mais intenso ao passar através dos aglomerados por contacto e por "queda" (continuação do deslizamento com choque local no contacto).

As conclusões do estudo de Lee e Hwang [61,62] são pertinentes.

* A adição de nanopartículas aos lubrificantes melhora as suas características em comparação com a adição de micropartículas.
* As nanopartículas em contacto assumem parte da carga e desempenham o papel de rolos ou esferas muito pequenos, como rolamentos.
* Os óleos com partículas semelhantes a fibras (por exemplo, nanotubos de carbono) têm coeficientes de atrito mais elevados do que os lubrificantes com nanopartículas esféricas ou com dimensões 3D próximas, provavelmente devido à forma como estabelecem contacto e ao facto de as partículas esféricas tenderem a rolar e não a ser arrastadas para o contacto.
* As nanopartículas fibrosas aglomeram-se mais facilmente do que as esféricas, de modo que a sua espessura se torna maior do que a espessura da película lubrificante, resultando num aumento da rugosidade, um constrangimento à circulação do lubrificante, especialmente ao entrar em contacto.

Carbono amorfo

O carbono é um constituinte básico da matéria orgânica [63]. O carbono encontra-se na natureza sob a forma de compostos. Muitos destes compostos são essenciais para a produção de materiais sintéticos de carbono e incluem carvões

betuminosos e antracite, hidrocarbonetos complexos (petróleo, alcatrão, asfalto) e hidrocarbonetos gasosos (metano e outros). Mas apenas duas formas poliméricas de carbono ocorrem naturalmente: a grafite natural e o diamante.
Os pós e as partículas de carbono são uma classe de materiais sintéticos, genericamente designados por carbono amorfo, obtidos pela combustão de hidrocarbonetos em ar insuficiente. As partículas de carbono amorfo são agregados de nanocristalitos de grafite, cada um com apenas algumas células unitárias, tão pequenas que não são detectáveis por técnicas de difração. As propriedades destes materiais dependem do tamanho da área das partículas.
A grafite é eficaz em aplicações a altas temperaturas e para capacidades de carga elevadas. É por isso que é utilizada como lubrificante sólido no forjamento. Outros lubrificantes sólidos, como o MoS2, oxidam rapidamente a temperaturas de funcionamento, que podem atingir 760 - 1200°C, embora o MoS2 tenha melhor lubricidade. A grafite é um lubrificante sólido tão bom devido à sua estrutura cristalina de nano-plaquetas lamelares. A sua estrutura é composta por planos de átomos de carbono, organizados ciclicamente (hexahonal). As ligações entre os átomos de carbono neste plano são ligações covalentes fortes (Fig. 1.5). As forças de van der Waals, mais fracas, mantêm os planos assim criados juntos e espaçam a estrutura. A distância de ligação entre os átomos de carbono entre os planos é maior e, portanto, mais fraca do que a ligação entre os átomos situados no mesmo plano. Se for aplicada uma força perpendicular ao cristalito, a reação é grande. Este elevado limite de elasticidade nesta direção assegura a capacidade de carga do lubrificante sólido. Uma força perpendicular à normal (paralela aos planos cíclicos de carbono) moverá os planos uns em relação aos outros com valores de força muito mais baixos: a fraca ligação entre os planos permite que os planos cisalhem nesta direção. Isto produz uma clivagem do cristalito. O resultado é uma pequena resistência ao movimento dos planos uns em relação aos outros e, portanto, uma redução do atrito.
Quando se fricciona sobre superfícies metálicas ou cerâmicas, a grafite transfere-se para as superfícies de fricção, reduzindo o coeficiente de atrito para 0,01 [63] se a transferência for uniforme e a película formada não se desprender. A película lubrificante só se mantém na presença de vapores como o vapor de água, oxigénio ou gases orgânicos contaminantes. Numa atmosfera pura de gases inertes ou azoto, no vácuo ou a altas temperaturas, a película deixa de se formar ou, se se formar, rompe-se facilmente. Resulta, neste caso, um valor elevado do coeficiente de atrito (próximo de 0,1 e superior) e o desgaste é severo, quase cinco ordens de grandeza superior ao de um meio de vapor, sendo o processo também conhecido por "dusting". Nestas condições, a grafite deixa de ser eficaz como lubrificante e são necessários aditivos e compostos para

contrariar estes efeitos. O grafeno é considerado um lubrificante emergente [58,59].

Apesar dos esforços dos departamentos de investigação sobre o grafeno para muitas aplicações actuais e futuras, o seu potencial tribológico como lubrificante permanece relativamente inexplorado. De seguida, serão apresentados estudos tribológicos recentes baseados no grafeno, desde a nanoescala até à microescala, e, em particular, a sua utilização como lubrificante sólido ou como aditivo em fluidos lubrificantes. O grafeno, um material 2D de carbono, só foi isolado de forma estável em 2004 [64], mas atraiu a atenção de especialistas de várias áreas, estando as aplicações no domínio da tribologia apenas no início. O grafeno tem propriedades especiais que se manifestam pela redução do atrito e do desgaste, desde a escala nano à macro, sendo um lubrificante sólido de alto desempenho ou um aditivo em lubrificantes sólidos. Sendo um material 2D, o grafeno oferece propriedades únicas de fricção e desgaste que não são típicas de outros materiais convencionais. A inércia química muito elevada, a boa resistência e a capacidade de cisalhar facilmente entre placas ou em superfícies muito lisas são atributos favoráveis a um comportamento tribológico muito bom. Como é muito fino, mesmo em muitas camadas, pode ser aplicado a diferentes escalas (nano a macro), incluindo sistemas microelectromecânicos e nanoelectromecânicos com contactos de deslizamento, rolamento ou oscilação para reduzir o atrito e o desgaste. A boa resistência mecânica do grafeno reduz o desgaste. Lee et al. [65] testaram as propriedades mecânicas do grafeno e confirmaram que se trata de um dos materiais mais resistentes que se conhecem.

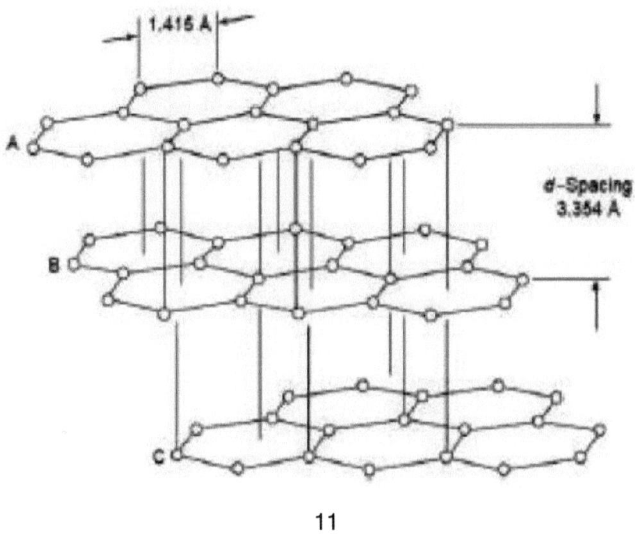

Fig. 1.5. A estrutura da grafite [58,59]

I.1.6. Nanopartículas de óxido metálico em lubrificantes

Vários óxidos metálicos são utilizados como aditivos em lubrificantes. Os mais frequentemente utilizados são o TiO_2, CuO, Fe_3O_4, ZnO, Co_3O_4 e Al_2O_3 [26, 31, 42, 48]. Os seus mecanismos de lubrificação são semelhantes aos dos nanomateriais contendo metais, incluindo a formação de tribo-filmes ou filmes de adsorção, o efeito de rolamento e o efeito de aglomeração ou reparação. Um exemplo seria a utilização de nanopartículas esféricas de CuO e TiO_2 como aditivo em lubrificantes e que mostram um comportamento muito bom na redução do atrito e do desgaste, especialmente para as nanopartículas de CuO [24]. A redução do atrito pode ser explicada pelo efeito da viscosidade a baixa temperatura e pelo efeito de rolamento a alta temperatura, e o mecanismo de desgaste está associado à deposição de nanopartículas de CuO na superfície de atrito, o que pode reduzir a tensão de cisalhamento e melhorar as propriedades tribológicas.

A Tabela 1.2 mostra alguns estudos que utilizam o TiO_2 como aditivo para a redução do atrito e do desgaste.

Tabela 1.2. Investigação e publicações com TiO_2 como aditivo [42, 52, 20, 32, 23, 53]

Referência	Lubrificante			Teste				Resultado	
	Óleo base	Aditivo						Reduzir o desgaste	Redução do atrito
		Tamanho	Concentração	Teste	Tarefa	Velocidade	Temperatura do óleo	Observações	
[42]	mineral	20-25nm	0,25wt%	até 4	14.7N	0,05 m/s	temperatura da sala	21%	
[52]	óleo na água	30nm	0, 0,5, 2, 4, 6 wt%	bola no disco	50N	50 mm/s	80 °C	significativamente reduzido	
[20]	fluido de corte à base de água	20nm	0,1-1,6 wt%	até 4	147N	1440 rpm		34,8%	de la 0,17 la 0,04
[32]	ulei de motor multigrad	10-25nm	1,5 wt%	pino para disco	40,60,90N	0.5, 1 §i 1,5 m/s		significativamente reduzido	
[23]	óleo de base	50-	0,1, 0,2,	4	100N		75 °C	reduzido em	

	API 1509	100nm	0,3, 0,4, 0,5 wt%	bolas/ bola no disco				comparação com o óleo de base	
[53]	éster de trimetilpropano /óleo de palma		0,1 wt%	até 4	160 kg	1200 rpm	temperatura da sala	11%	15%

A Tabela 1.3 mostra alguns estudos que utilizam o ZnO como aditivo de redução do atrito e do desgaste.

Tabela 1.3. Investigação e publicações com ZnO como aditivo [43, 31, 36]

Autor	Lubrificante			Testes				Resultados
	Óleo base	Aditivo		Testador	Carga de redução do desgaste	Atrito Velocidade de redução	Temperatura do óleo	Observações
		Tamanho	Concentração					
[43]	Mineral, PAO, girassol, soja	11,71 nm	0,5 wt%	Instalação alternativa de ensaio de alta frequência	10N		50 °C	Eficaz com óleo mineral
[31]	lubrificante	4,04 nm	1,2 wt%	Pino para disco	392N	1200 rpm	75 °C	31.2% 9.9%
[36]		24 nm		Bola no disco	5N	5 cm/s	25-400 °C	Não altera significativamente o COF

O comportamento anti-desgaste das nanopartículas de aditivos pode ser atribuído ao mecanismo de triboaglomeração. A explicação possível seria o facto de a triboaglomeração de nanopartículas poder ocorrer na superfície de desgaste. As nanopartículas depositam-se na superfície de fricção e fixam-se nos microespaços da superfície. Por conseguinte, forma-se uma película protetora devido a estas nanopartículas na superfície de contacto a uma temperatura mais elevada durante a fricção. A película que se formou separa as duas áreas e actua como uma área de apoio que preenche as marcas de desgaste e protege a superfície de contacto metálica.

Quando pelo menos um tamanho de partícula se situa na gama dos nanómetros, os metais apresentam propriedades notáveis e invulgares, quer como pós quer como películas finas. Tem sido efectuada investigação sobre a preparação, a caraterização da estrutura, as propriedades e a aplicação de nanopartículas metálicas. No domínio da tribologia, prevê-se que estas nanopartículas metálicas apresentem boas propriedades de lubrificação quando utilizadas como aditivos em lubrificantes, pelas seguintes razões

- as nanopartículas metálicas são tão pequenas que é possível obter uma dispersão coloidal estável em óleos através de métodos adequados, o que pode evitar a precipitação causada pela gravidade;
- quando se forma uma dispersão estável e bem proporcionada, é mais provável que as nanopartículas metálicas fiquem presas na superfície de fricção;
- nanopartículas metálicas podem ser depositadas na superfície de fricção.

II. Comportamento reológico de lubrificantes à base de óleo de soja, nano aditivos

11.1. O objetivo

A reologia dos óleos vegetais e os factores que influenciam a sua viscosidade são estudados por especialistas, sendo os dados teóricos e experimentais úteis para a resolução de algumas questões de conceção que prevêem a utilização destes óleos, quer como lubrificantes, combustíveis ou fluidos de trabalho, de forma a cumprir as normas ambientais e sanitárias, mas também como alternativa aos produtos petrolíferos em vias de esgotamento [66-69].

O objetivo deste trabalho é o estudo das propriedades reológicas do óleo vegetal de soja sem adição e aditivado com aditivos de nano carbono (carbono amorfo, grafite e grafeno), em várias concentrações. Para estes lubrificantes formulados pelo autor, foram determinadas as seguintes propriedades reológicas:

- o modelo reológico do lubrificante, ou seja, a lei de variação das tensões de atrito em função da velocidade de cisalhamento;
- a variação dos parâmetros reológicos em função da temperatura, para um determinado valor do gradiente de velocidade.

11.2. Bancada de ensaio experimental

O banco de ensaio experimental é um viscosímetro Brookfield CAP 2000+ (Fig. 2.1). Trata-se de um viscosímetro rotacional que mede o comportamento do fluxo e a viscosidade de materiais líquidos e semi-sólidos, com a geometria de trabalho do acoplamento cone-plano (Fig. 2.2). O sistema é controlado por um software especializado, denominado CAPCALC 32, que tem a possibilidade de ordenar o suporte, a aquisição e o tratamento dos dados. O sistema de cálculo tem a possibilidade de determinar os parâmetros do modelo reológico do lubrificante analisado, assumindo a validade de cinco modelos reológicos: o modelo de Bingham, o modelo de Casson, o modelo de Herschel-Bulkley, o modelo da lei da potência ou o modelo de Ostwald de-Waele:

$$\tau = m\dot{\gamma}^n \qquad (2.1)$$

em que m e k são constantes materiais, k é designado por índice de consistência $[m^{-1}.s^{n-2}]$ *e n - índice de fluxo (sem dimensão) e o modelo newtoniano:*

$$\tau = m\dot{\gamma} \qquad (2.2)$$

Fig. 2.1. Viscosímetro de Brookfield

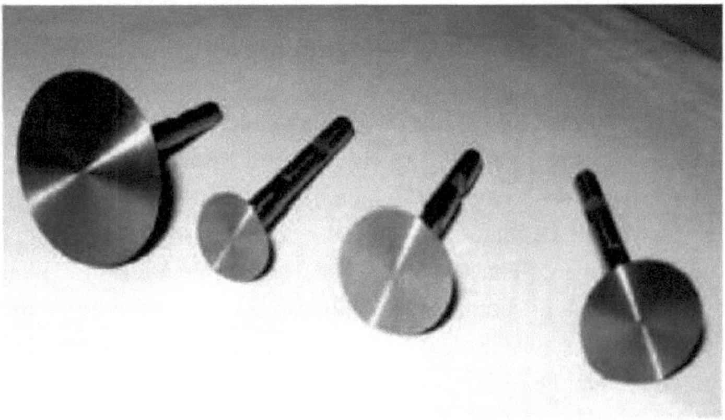

Fig. 2.2 Geometrias de trabalho

Nos fluidos viscosos, a deformação leva ao aumento das forças de atrito internas, que dissipam parte da energia cinética do fluido sob a forma de calor. A baixas velocidades de cisalhamento, em fluidos com baixa viscosidade, o fenómeno é pouco significativo, sendo o aumento da temperatura do fluido devido à dissipação de energia insignificante. Os fluidos com elevada viscosidade podem gerar quantidades significativas de calor, o que leva a alterações nas propriedades do fluido, incluindo a viscosidade.

A principal causa do desvio de um fluido do comportamento newtoniano é a modificação da estrutura do fluido sob a ação de forças de cisalhamento. O viscosímetro tem a possibilidade de efetuar determinações térmicas, nomeadamente a variação dos parâmetros reológicos com a temperatura, na gama de valores 5°C - 75°C.

11.3. Metodologia experimental.

Para a determinação do modelo reológico dos lubrificantes analisados, foi utilizado um ensaio do tipo "gradiente de velocidade imposto", a temperatura constante, utilizando uma geometria de trabalho (cone 8) com as dimensões indicadas na Tabela 2.1.

Tabela 2.1. Geometria do cone 8 e gama de medição da viscosidade

Número do cone	Raio do cone [mm]	Ângulo da ponta do cone [graus]	Viscosidade medida [Pa.s]	Gradiente de velocidade $[s]^{-1}$
8	15.11	3	0.312...3.12	200...2000

Os ensaios foram efectuados duas vezes para o mesmo fluido, caracterizado pela concentração e natureza do aditivo. Na Fig. 2.3 são apresentados dois ensaios repetidos para os mesmos parâmetros, para um único lubrificante (óleo de soja com 1% de grafeno), para realçar a repetibilidade da metodologia de ensaio.
Como variante do modelo reológico proposto foi utilizado o modelo de lei de potência (2.1), sendo os seus parâmetros determinados pelo método de análise de regressão. Para determinar a variação da viscosidade com a temperatura, foram efectuadas tentativas semelhantes, do tipo "gradiente de velocidade imposto", apenas para uma gama de temperaturas úteis para os lubrificantes analisados, utilizando o cone 8 como geometria de trabalho, a uma velocidade de corte de 2000 s^{-1} .
Os resultados experimentais relativos à variação dos parâmetros reológicos com a temperatura foram processados numericamente com o CurveExpert, partindo do modelo de Reynolds que é um modelo exponencial:

$$\eta = \eta_0 e^{m(t-t_0)} \qquad (2.3)$$

em que η - a viscosidade dinâmica do lubrificante à temperatura t, η_0 – a viscosidade à temperatura de referência de t_0; m - fator de temperatura; t - temperatura, em °C, t0 - temperatura de referência (20.6...20.9).

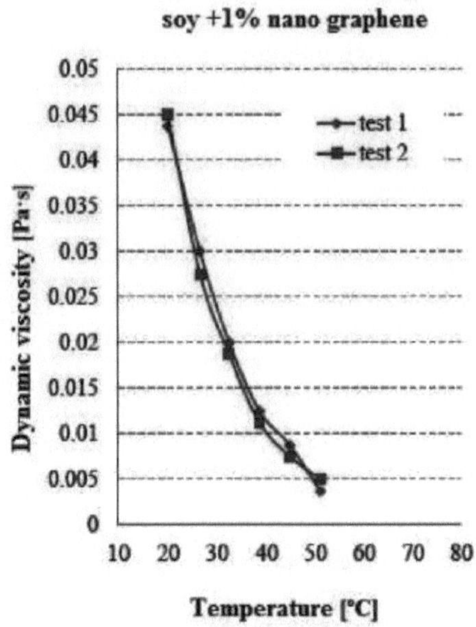

Fig. 2.3. Representação dos valores obtidos para dois ensaios efectuados com o mesmo fluido e nas mesmas condições de medição

11.4. Resultados sobre a dependência da viscosidade em relação à taxa de cisalhamento

A propriedade dos fluidos de resistir à alteração irreversível da posição dos elementos de volume constituintes, dissipando energia mecânica sob a forma de calor, é designada por viscosidade.

Para os lubrificantes analisados, foram efectuadas as seguintes análises comparativas:

- os reogramas comparativos de óleo de soja e lubrificantes adicionados com materiais de nano carbono, em várias concentrações;
- os parâmetros reológicos para os mesmos lubrificantes, em estado puro e aditivados com nano materiais, em várias concentrações;
- variação da viscosidade dinâmica com a temperatura, para o gradiente de velocidade 2000 s¯ 1, para os mesmos fluidos, puro - aditivado;
- parâmetros do modelo de variação dinâmica da viscosidade com a temperatura.

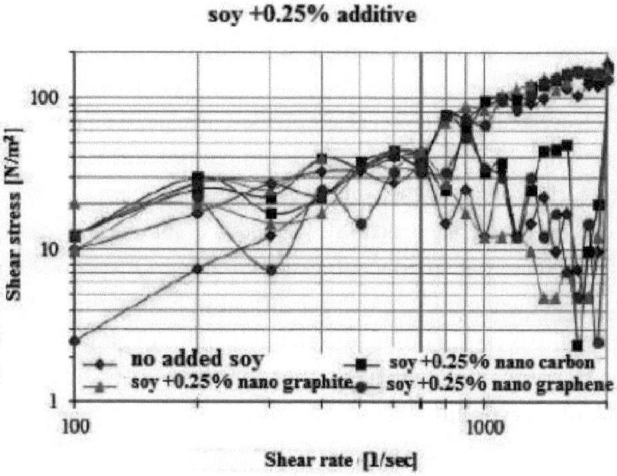

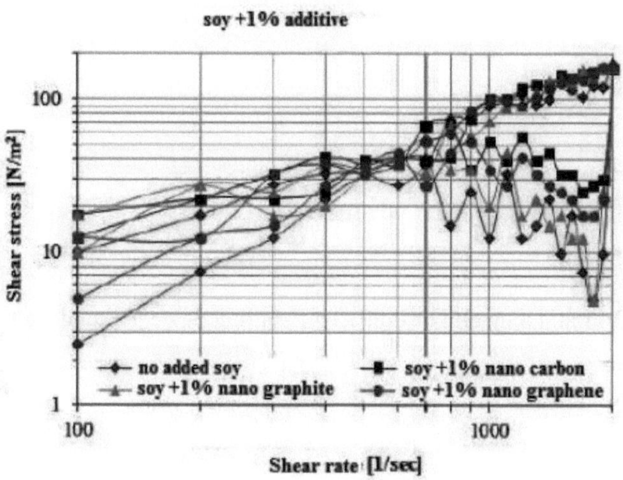

Fig. 2.4. Reogramas comparativos para óleo de soja sem aditivo e aditivado com diferentes concentrações de nanoaditivo

Podem ser formuladas as seguintes conclusões:

1. Do ponto de vista reológico, o óleo de soja apresenta uma tixotropia acentuada, tanto na forma não adicionada quanto na adicionada. É interessante notar que em gradientes de velocidade baixos, abaixo de 600 s-1, a tixotropia desaparece (Fig. 2.4).

2. No caso do óleo de soja, a aditivação com nanoaditivos tem uma influência extremamente baixa na alteração do comportamento tixotrópico, específico do óleo sem adição.

A variação dos parâmetros reológicos em função da concentração e da natureza do aditivo é mostrada na Fig. 2.5 para o índice de consistência e na Fig. 2.6 para o índice de fluidez.
Devido à histerese acentuada, o coeficiente de correlação é pequeno. Analisando o gráfico da Fig. 2.5, observa-se que, em comparação com o valor desta constante material para o óleo de soja, diminui com a concentração de nanocarbono e com a concentração de grafeno, e aumenta com a concentração de nanografite, exceto para a concentração de 0,25%. O ligeiro aumento no caso dos lubrificantes de nanografite pode ser atribuído à estrutura espacial da grafite que dificulta o fluxo do fluido. Os outros dois aditivos, o carbono e o grafeno, diminuem este parâmetro, actuando também como modificadores da fricção entre as moléculas do fluido.

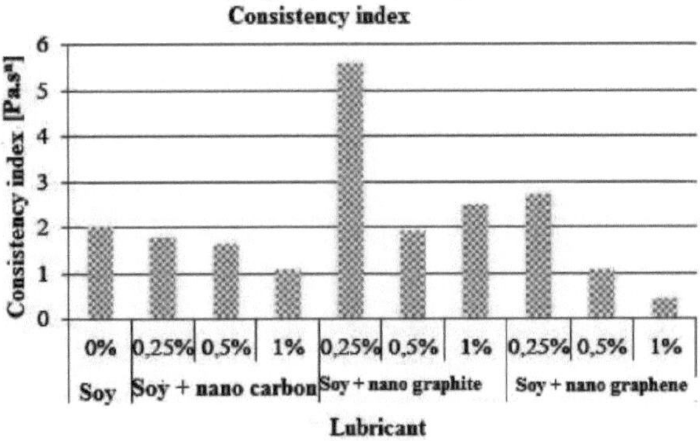

Fig. 2.5. Variatia indicelui de consistent^ in functie de gradul de aditivare al lubrifiantului

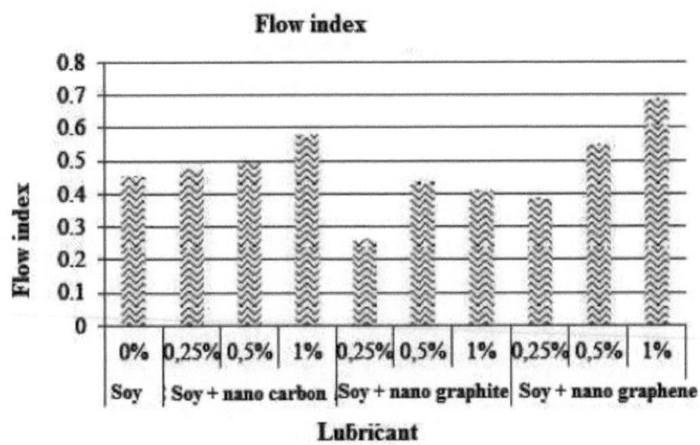

Fig. 2.6. A variação do índice de fluidez em função do grau de aditivação do lubrificante

O domínio da evolução da viscosidade dinâmica em função da velocidade de corte foi dividido em duas áreas:

- uma área com tixotropia pronunciada (entre 600...700 s^{-1} e 2000 s^{-1}, para os óleos de teste),
- uma zona onde o fluido não tem uma dependência óbvia da variação da taxa de cisalhamento (100 s^{-1} ...600...700 s^{-1}). A delimitação parece depender mais da concentração do aditivo e menos da sua natureza (Fig. 2.7). A tixotropia manifesta-se a uma taxa de cisalhamento mais baixa (600 s^{-1}) para lubrificantes com concentrações de 1% de nanoaditivo.

Em seguida, foram formuladas algumas conclusões:

* O modelo reológico que caracteriza o comportamento dos lubrificantes estudados é o modelo da lei da potência, mas com um coeficiente de correlação baixo. Este facto deve-se ao fenómeno de tixotropia acentuada para o óleo de soja, mas também para os lubrificantes aditivados.
* No caso do óleo de soja, o aumento da concentração de aditivos tem o efeito de diminuir o índice de consistência e aumentar o índice de fluidez, juntamente com a diminuição do grau de tixotropia.

As características da curva tensão de cisalhamento - taxa de cisalhamento são:

- uma grande histerese,
- um intervalo de 100...700 s^{-1} para o qual não se observa histerese,
- os aditivos utilizados neste estudo tendem a aumentar a tensão de cisalhamento em comparação com a do óleo de soja na taxa de cisalhamento de 100 s^{-1}, após o que os valores obtidos estão em um intervalo menor.

O aumento da taxa de cisalhamento conduziu ao aumento da tensão de cisalhamento, mas as curvas obtidas com o aumento da taxa de cisalhamento sobrepõem-se ou evoluem numa gama estreita, sendo quase insensíveis à natureza do aditivo e à sua concentração.

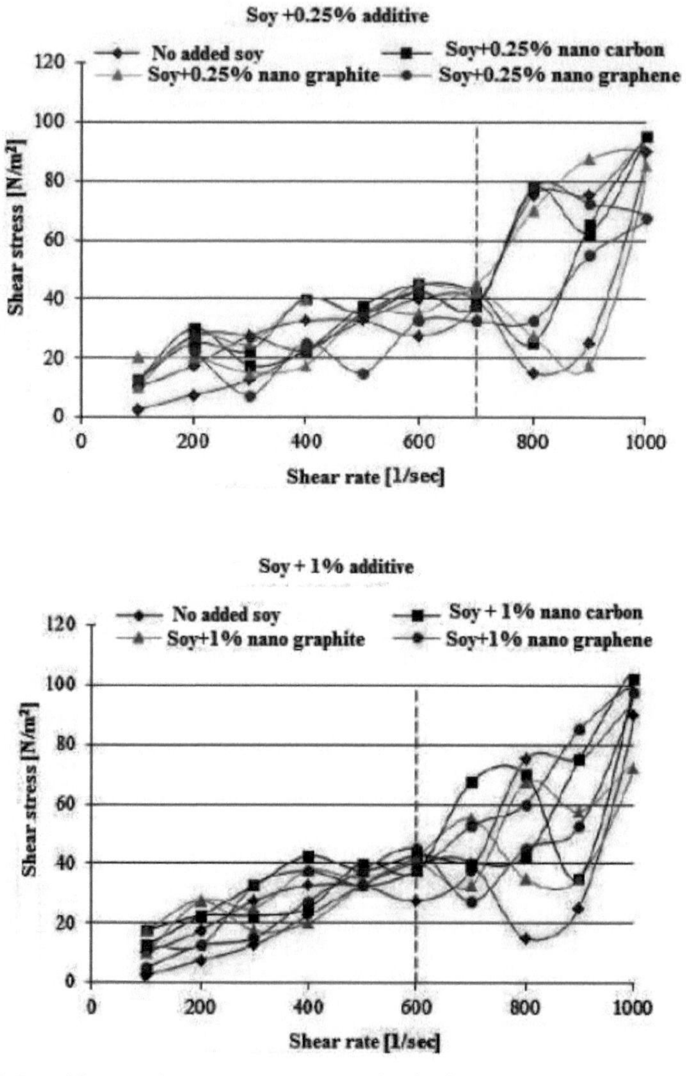

Fig. 2.7. Ramificação da curva tensão-taxa de cisalhamento para o ponto inicial da histerese

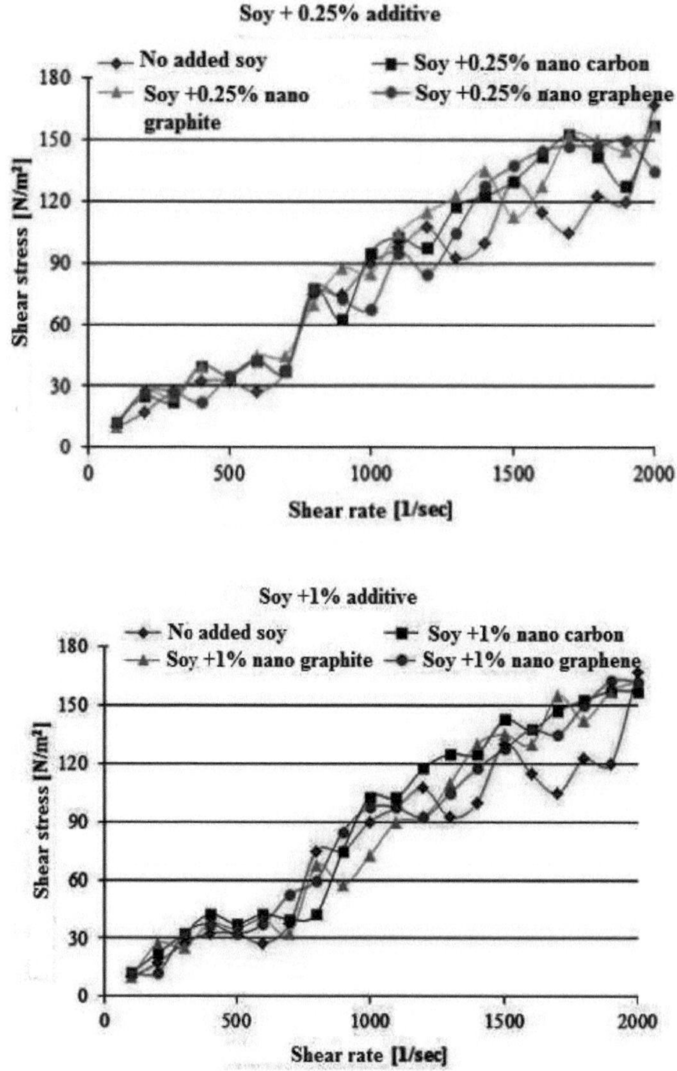

Fig. 2.8. O ramo da curva tensão-deformação para o aumento da taxa de deformação

II.5. Variação da viscosidade dinâmica com a temperatura.

Para evidenciar que para a gama de concentração de aditivos, tal como estudada pelo autor, não influencia significativamente a dependência da viscosidade dinâmica com a temperatura, foram traçadas curvas para os mesmos resultados experimentais, mas cada gráfico foi feito para um aditivo específico (Fig. 2.9).

A adição de nano carbono mantém esta dependência quase idêntica à do óleo de soja não adicionado.

A adição de grafite diminui a viscosidade dinâmica dos lubrificantes, mas, à exceção dos valores a 20 °C, que se encontram numa gama ligeiramente mais ampla (0,04...0,047 Pa^s), os restantes valores são muito próximos. O gradiente de dependência da viscosidade com a temperatura é mais elevado do que o do óleo de soja.

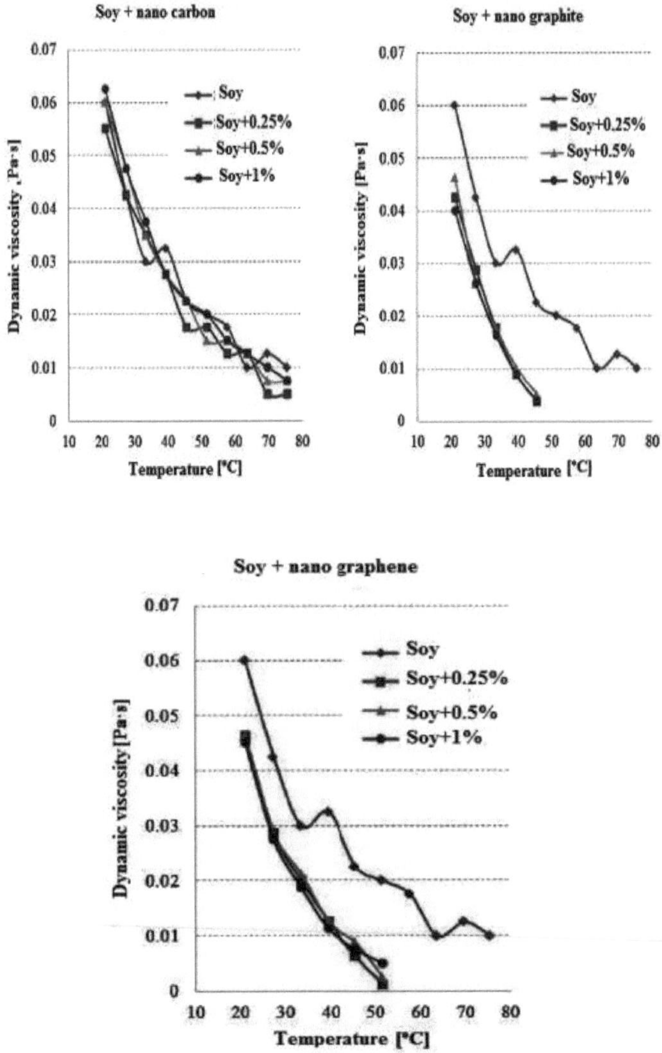

Fig. 2.9. Dependência da viscosidade dinâmica da natureza do aditivo

A viscosidade dinâmica diminui com o aumento da temperatura. Os valores da viscosidade dinâmica dos óleos tendem a tornar-se muito próximos à medida que a temperatura e a taxa de cisalhamento aumentam [7073].
Um estudo semelhante foi efectuado por §olea [70] mas para velocidades de corte mais baixas (3,3 ...80 s^{-1}).
O óleo de soja apresentou as curvas de viscosidade-temperatura mais baixas dos óleos testados (óleo de milho, óleo de canola, óleo de milho).
Analisando os gráficos da Fig. 2.10, podem formular-se as seguintes conclusões sobre a influência da natureza dos nanoaditivos na dependência da viscosidade dinâmica em relação à temperatura.
A adição de nano carbono não altera significativamente a dependência da viscosidade em relação à temperatura, independentemente da concentração do lubrificante formulado, pelo menos para a gama de temperaturas em que os testes reológicos foram efectuados e comparados com o óleo de soja não adicionado.
Do ponto de vista da dependência da viscosidade em relação à temperatura, os lubrificantes formulados podem ser agrupados em duas categorias:
- óleo de soja e óleo de soja adicionado de nanocarvão, - lubrificantes adicionados de nanografite e nanografeno.
Para todos os lubrificantes com nanoaditivos, a viscosidade não depende significativamente da concentração. Para os lubrificantes adicionados com grafeno, as curvas sobrepõem-se, tendo ainda um declive mais elevado do que o obtido para a soja, com uma ligeira dispersão a 50°C.

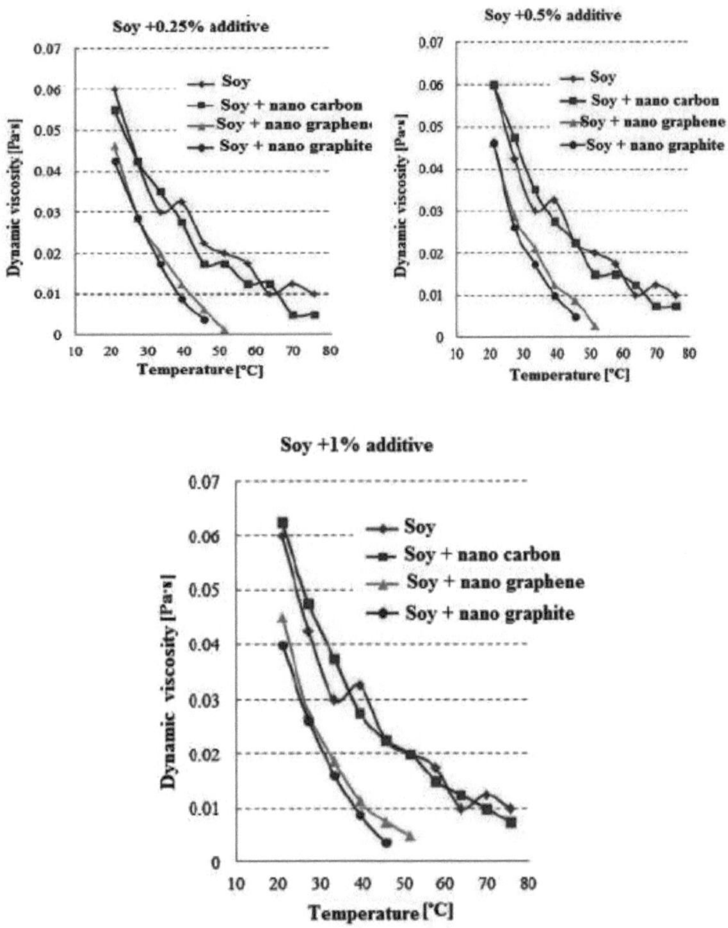

Fig. 2.10. Dependência da viscosidade dinâmica com a temperatura

II.6. Modelação da dependência da viscosidade dinâmica com a temperatura

Para cada lubrificante formulado e óleo de soja, as constantes foram determinadas a partir do modelo de Reynolds de variação da viscosidade dinâmica com a temperatura.

$$\eta = \eta_0 e^{a(t-t_0)} \qquad (2.4)$$

em que no é a viscosidade dinâmica à temperatura de, considerada como a temperatura de referência.

Neste estudo, a é o coeficiente de dependência da temperatura da viscosidade dinâmica de 2o °C. A Tabela 2.2 apresenta o resumo dos resultados.

Tabela 2.2. Modelos matemáticos para a dependência da viscosidade dinâmica com a temperatura

Lubrificante	7 = H $e_0^{a(}$ '^	Erro padrão	Coeficiente de correlação	Coeficiente de determinação
Sem adição de soja	r| = 0,06 Pa -s a=- 0,04363...-0,03279	0.0035	0.975	0.951
1% de carbono	r| = 0,0625 Pa -s a=- 0,040141... -0.000847	0.0012	0.998	0.995
1% de grafite	r| = 0,04 Pa -s a=- 0,076586...-0,004856	0.0016	0.993	0.987
1% de grafeno	p = 0,0437 Pa -s a=- 0,65217...-0,002433	0.0012	0.997	0.994

* O intervalo de variação do parâmetro foi calculado com um grau de confiança de 95%.

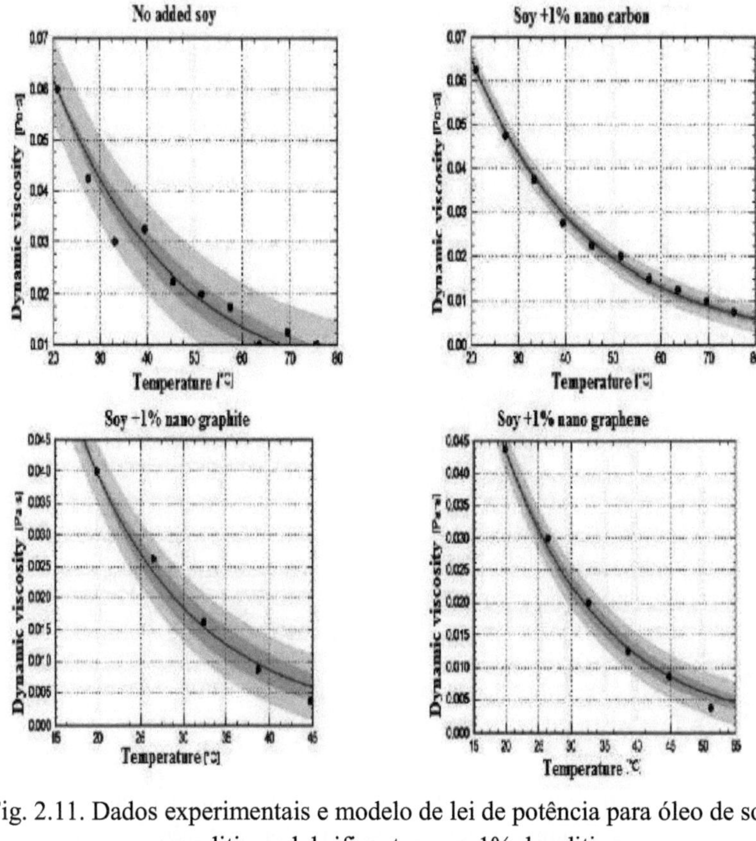

Fig. 2.11. Dados experimentais e modelo de lei de potência para óleo de soja sem aditivo e lubrificantes com 1% de aditivo

Uma função matemática mais complexa pode ser modelada para reproduzir a dependência obtida experimentalmente na forma

$$\eta = \eta_0 e^{a(t-t_0)} e^{b.c} \quad (2.5.)$$

em que a é o coeficiente de dependência viscosidade-temperatura e c é a concentração do aditivo, em percentagem. A Tabela 2.3 apresenta as relações determinadas e os parâmetros estatísticos (erro padrão e o coeficiente de correlação), e a Fig. 2.12 apresenta graficamente as superfícies das funções determinadas e os valores determinados experimentalmente.

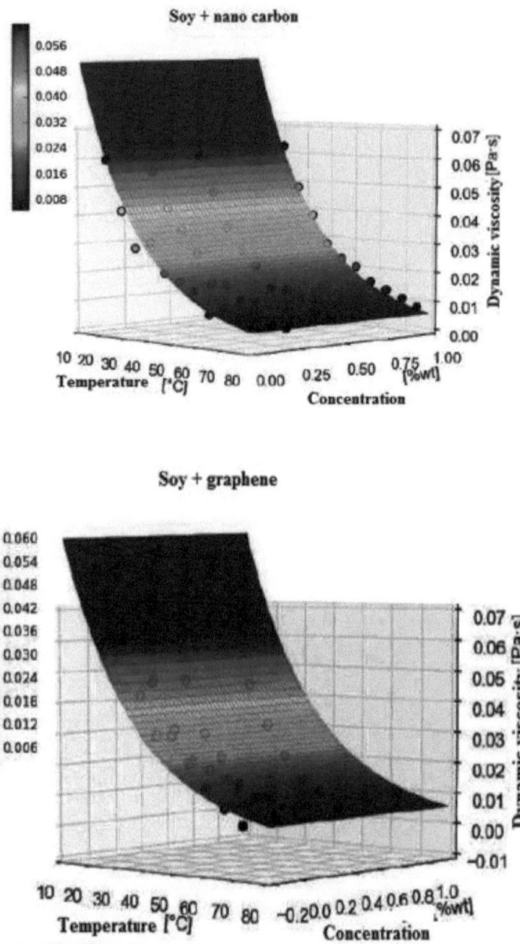

Fig. 2.12. Representação 3D da função matemática da dependência da viscosidade dinâmica da temperatura e da concentração de aditivos

Para o óleo de soja, tanto sem adição como com 1% de aditivo, o modelo de Reynolds da variação da viscosidade dinâmica com a temperatura aproxima-se satisfatoriamente dos valores experimentais, conduzindo a coeficientes de correlação superiores a 95%.

Tabela 2.3. Modelos matemáticos para a dependência da viscosidade dinâmica da temperatura e da concentração do aditivo

Não aditivo	$\wedge = \wedge_{0e}\, e^{a(t\ to)}$bc	Erro padrão	Coeficiente de correlação
Carbono	a=-0.042663...-0.038384 b=-0.039285...0.068089	0.001057 0.0265	0.988
Grafeno	a=-0.042663...-0.038384 b=-0.039285...0.068089	0.001057 0.02652	0.988
Grafite	a=-0.042663...-0.038384 b=0.014402...0.026520	0.00105 0.02652	0.988

* As constantes a e b foram determinadas para um intervalo de confiança de 95%

** $_{no}$=0,06 Pa.s , para todos os modelos matemáticos e é o valor da viscosidade dinâmica do óleo de soja a uma temperatura de 20°C

A viscosidade dos lubrificantes estudados diminui com o aumento da velocidade de cisalhamento. Todos os lubrificantes com nano-aditivos têm uma tixotropia melhorada após um determinado valor da taxa de cisalhamento, um valor que não depende da natureza do aditivo, mas da concentração do aditivo.

A modelação da lei de potência da dependência da taxa de tensão-deformação de corte tem um pequeno coeficiente de correlação devido ao ciclo de histerese. Se apenas a curva de carga for considerada, a dependência tem uma tendência próxima da linear.

No que respeita à dependência da viscosidade dinâmica em relação à temperatura, os aditivos dividem-se claramente em dois grupos:

- o nanocarbono que não influencia significativamente esta dependência,

-o grupo com nanografite e nanografeno, estes aditivos baixam as curvas de variação da viscosidade dinâmica com a temperatura.

III. Desempenho tribológico e propriedades reológicas do óleo de motor com nano-aditivos de grafeno

111.1. Introdução

Atualmente, quase metade das falhas de peças mecânicas podem ser atribuídas a uma lubrificação insuficiente nos conjuntos mecânicos [74-76]. A redução do desgaste e do atrito pode ser conseguida utilizando lubrificantes. A baixa velocidade ou a carga pesada podem resultar numa falta de formação de película de óleo lubrificante, levando a um desgaste severo na superfície de contacto quando os conjuntos mecânicos arrancam, as engrenagens engrenam ou a direção do pistão do motor muda [77-80]. O MoS2, o WS2 e outros anomateriais foram desenvolvidos para reforçar a película lubrificante [81,82]. Apesar dos avanços recentes, o comportamento tribológico continua a ser um desafio significativo nestas condições.

O grafeno, um novo material lubrificante com excelentes propriedades tribológicas, condutividade térmica e resistência mecânica, tem despertado interesse [83-85]. Um lubrificante sólido à base de grafeno é apenas um dos muitos exemplos das excepcionais propriedades de resistência ao desgaste e de redução da fricção do grafeno. De um modo geral, o desempenho tribológico pode ser significativamente melhorado por revestimentos como os tribo-pares de grafeno em materiais de aço [86,87]. De acordo com Berman et al. [88], o grafeno também demonstrou ter uma superlubricidade significativa à escala macro (0,004). A maioria dos métodos convencionais para reduzir o desgaste e o atrito em interfaces de deslizamento utiliza a lubrificação com óleo [89-93] para aplicações práticas. No entanto, sem aditivos, o óleo de base não pode proporcionar uma lubrificação adequada. De acordo com Nehme e colegas, as propriedades tribológicas do óleo de base são afectadas pelos aditivos [91,92].

Em comparação com os lubrificantes convencionais, os óleos que contêm nanomateriais têm excelentes propriedades térmicas e tribológicas. Os nanolubrificantes à base de óleo de motor reduzem a fricção e o desgaste ao ponto de satisfazerem ou excederem as normas da indústria. De acordo com Zvereva et al. [94], os aditivos nanoestruturados reduziram a viscosidade em 1020%, melhorando simultaneamente o índice de viscosidade. A nanodiproxamina e as lamas de carbonato desidratadas melhoraram a viscosidade do combustível a temperaturas elevadas (75 °C). Dinesh et al. [95] verificaram que o óleo de motor com nanopartículas de WCNTs e de óxido de zinco adicionadas apresentava um melhor desempenho. Mais nanopartículas com um aditivo no lubrificante melhoraram o desempenho e a eficiência dos produtos [91,92]. O GN é o material ideal para reduzir o atrito e o desgaste devido à sua forma, elevado rácio de aspeto e alta flexibilidade. Após a dispersão das nanopartículas no óleo de base, o desempenho e as características operacionais do lubrificante melhoraram drasticamente devido às propriedades superiores dos nanolubrificantes.

Os desempenhos do óleo de base e do aditivo GN foram avaliados através de testes com as propriedades reológicas e tribológicas do óleo de base.

111.2. Procedimentos experimentais

111.2.1. Materiais

Os GN foram combinados com um fluido fundamental adquirido à Nanotech Research Organization para criar os nanofluidos utilizados neste estudo. Neste caso, o óleo comercial SHELL HELIX 5W-30 existente em utilização e os seus pormenores são apresentados na Tabela 3.1. A Tabela 3.2 apresenta as características das nanopartículas experimentais. Como a dimetilformamida (DMF) é incolor, tem baixa volatilidade e uma constante dieléctrica extremamente elevada, foi escolhida como solvente neste estudo. O DMF foi escolhido como solvente para misturar nanopartículas no óleo para evitar a agregação de nanopartículas. Como resultado da fricção, a acumulação de partículas provoca o aparecimento de detritos nas superfícies de fricção.

Quadro 3.1. Propriedades do óleo base Helix 5W-30.

Imóveis	Valor
Grau de lubrificação	SAE 5W-30
Viscosidade cinemática a 40 °C mm^2/s, ASTM D445	73.95
Viscosidade cinemática a 100 °C, mm^2/s, ASTM D445	12.02
Ponto de escoamento, °C, ASTM D97	-48
Densidade a 15 °C, kg/m^3, ASTM D4052	848
Ponto de inflamação, Cleveland Open-Cup, °C, ASTM D92	220

Tabela 3.2. Especificações das nanopartículas

Nanopartículas	GNs
Densidade real	<2,20 g/cm^3
Comprimento médio da dimensão lateral (x e y)	<5 pm
Dimensão média através do plano (z) espessura	~10-20 nm

III.2.2. Caracterização dos GNs

A fase pura e a estrutura cristalina dos GNs foram determinadas utilizando uma máquina de difração de raios X (XRD) PANalytical X'Pert Pro com o software X'Pert data collector 2.2. Isto foi conseguido através da utilização de um algoritmo de procura de picos e de um software de análise. A microscopia eletrónica de transmissão (TEM), Jeol JEM1200, foi utilizada para examinar a estrutura e as dimensões dos GN.

III.2.3. Equipamento de processamento e ensaio de nanolubrificantes

Os ensaios de propriedades físicas estão representados na Figura 3.1, que mostra o equipamento utilizado nestes processos. Começou-se por dissolver a N, N-dimetilformamida (DNF) nos GNs (DMF). Durante 45 min, as nanopartículas foram dispersas de uma nova forma para evitar a acumulação, como sugerido em estudos anteriores [95-98], com uma concentração de DMF de 3% em peso. Foi utilizado um homogeneizador SCILOGEX D500 para homogeneizar a mistura sem aglomeração. Depois disso, os GNs foram agitados com o óleo de base. Para o teste e análise, foram preparados seis espécimes. Como controlo, preparámos cinco amostras de nano-óleo com quantidades variáveis de nanopartículas (GNs), variando entre 0,03% e 0,15% do peso do óleo. As propriedades térmicas e tribológicas foram medidas por um analisador de propriedades térmicas K2D, um HZNQ 1101, um aparelho de ponto de inflamação de copo aberto e um testador de quatro esferas, conforme ilustrado na Figura 3.1, respetivamente.

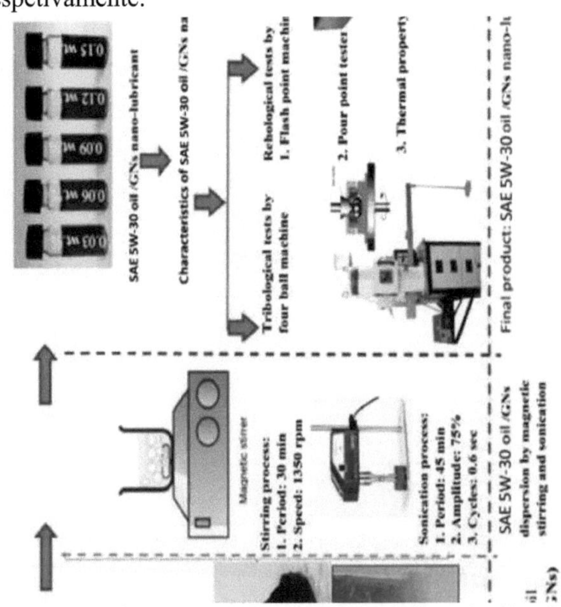

Figura 3.1. A sequência de preparação e as características do óleo SAE 5W-30/nanolubrificante de GNs.

111.2.4. Exames reológicos e tribológicos

O tribo-teste de quatro esferas é apresentado graficamente na Figura 3.1. A temperatura do óleo é medida às pressões e temperaturas mais elevadas durante o ensaio. Esta experiência foi efectuada durante 60 minutos à temperatura ambiente com uma esfera superior carregada com 800 N e rodando a 10 050 rotações por minuto em torno da perpendicular. Foi utilizada uma célula de carga ASTM D-5183 para medir automaticamente o coeficiente de atrito. Depois disso, seria possível calcular um valor médio. O método ASTM D-2596 foi utilizado para medir a pressão extrema (EP) do nanofluido, depois de este ter sido rodado até às 1550 rotações por minuto. O desgaste de três esferas inferiores estacionárias foi estimado utilizando o diâmetro da cicatriz de desgaste (WSD).

Foram efectuados cinco ensaios separados com cada uma das misturas de nanofluidos. O diâmetro médio da cicatriz de desgaste (WSD) e o coeficiente de fricção foram determinados através da medição de cinco amostras testadas de lubrificantes e nano-lubrificantes híbridos. Cada amostra realizou dez leituras do coeficiente de fricção e foi calculado um valor médio.

111.2.5. Propriedades de medição

A temperatura do óleo lubrificante deve ser mantida a um nível exato. O óleo 5W-30 e o óleo 5W-30 enriquecido com nanopartículas foram ambos testados num recipiente. Além disso, foi utilizado um termómetro para registar as temperaturas a que cada amostra começou a derreter e a fluir [98]. A norma ASTM D 97 foi utilizada para determinar os pontos de fluidez e as temperaturas das amostras. O objetivo da determinação da temperatura do ponto de inflamação de uma amostra é determinar se esta se incendeia ou não quando exposta ao ar. Esta propriedade pode influenciar significativamente as propriedades inerentemente inflamáveis de uma substância. Foi possível efetuar uma investigação aprofundada das fontes de calor e de ignição graças a uma referência ASTM D 93.

Em cima de um cilindro cheio de líquido aquecido, os cientistas usaram apenas uma única chama simples para determinar os pontos de inflamação. As amostras de óleo começam a arder a uma temperatura específica conhecida como ponto de inflamação [99]. A condutividade térmica dos nanofluidos foi determinada utilizando uma variedade de métodos, incluindo o estado estacionário [100], oscilação de temperatura [101], fios quentes transitórios [102] e 3-omega [103,104]. Foi utilizado um instrumento KD2-Pro para medir a condutividade térmica de amostras de nano-óleo utilizando uma abordagem de fio quente transitório. A temperatura no ensaio foi controlada e mantida por um banho de água.

111.2.6. Medição da viscosidade cinemática

Foi estudada a viscosidade cinemática do óleo. Quando é aplicada uma força, mede-se a viscosidade dinâmica do fluido; mede-se também a viscosidade cinemática do fluido. É também conhecida como viscosidade absoluta ou viscosidade dinâmica. Os investigadores utilizaram um viscosímetro automático de tubo capilar em conformidade com a norma ISO 3104 para medir a viscosidade cinemática. Na maioria das vezes, a temperatura tem um impacto na viscosidade cinemática. A viscosidade cinemática é medida em centistokes. De acordo com a norma ISO 3448, a viscosidade da maioria dos óleos lubrificantes é de 40 °C de temperatura de funcionamento. A realização de cinco leituras médias de 40 °C a 100 °C assegurou resultados consistentes. O índice de viscosidade (VI) foi calculado pela prática padrão a partir da viscosidade cinemática a 40 e 100 °C, de acordo com a ASTM D2270 e a ISO 2909.

III.3. Resultados e discussões

111.3.1. Caracterização de GNs

Um pico forte a 62 = 26,35° na Figura 3.2b demonstra que as nanopartículas são GNs. As dimensões das nanopartículas podem ser medidas por imagens TEM de GNs na Figura 3.2a, examinando a estrutura dos GNs [87]. Os GNs têm um comprimento de 2,31 цт e uma espessura de 1,3 nanómetros, como representado na Figura 2a, confirmando os dados da Tabela 3.2.

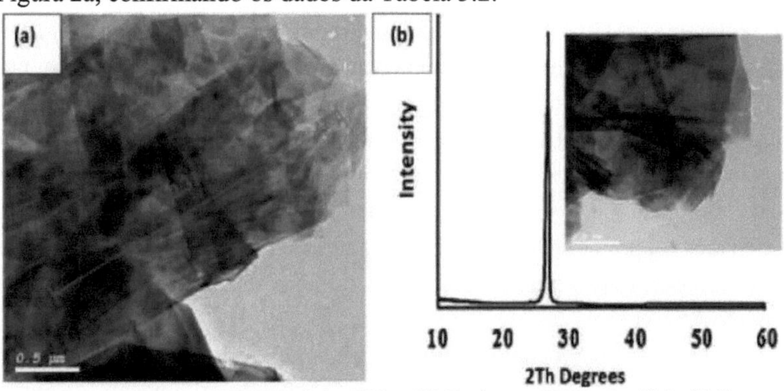

Figura 3.2. (a) Imagens HRTEM de GNs; (b) Padrões XRD de GNs [14].

111.3.2. Ponto de fluidez e ponto de inflamação

A produtividade global é determinada pela capacidade de um lubrificante para reduzir o desgaste durante as fases iniciais do arranque a frio, melhorando assim a eficiência de um motor. O bombeamento de óleo para as saídas é difícil devido à falta de circulação de óleo. Quando um lubrificante se torna demasiado espesso e deixa de fluir, atinge a sua temperatura de ponto de fluidez. A redução do desgaste durante as fases iniciais do arranque a frio melhora o desempenho geral de um lubrificante e aumenta a eficiência de um motor. De acordo com as condições de teste padrão, o óleo pode fluir livremente sem agitação se o ponto de fluidez for inferior a uma temperatura específica. A adição de GN teve um impacto significativo nestes fenómenos, como se mostra nas Figuras 3.3 e 3.4. O ponto de fluidez do óleo de base aumenta 37% quando se adicionam nano-aditivos (GN) a uma concentração percentual de 0,15 % em peso.

No entanto, a tendência é invertida quando a concentração percentual é aumentada para mais de 0,15 wt. por cento, como se mostra na Figura 3.3. Para ilustrar, o ponto de inflamação foi aumentado em 25,4 por cento quando se adicionou 0,12 por cento de GN ao óleo de base 5W30, mas quando a concentração de GN aumentou para 0,15 por cento em peso, diminuiu novamente, como se mostra na Figura 3.4.

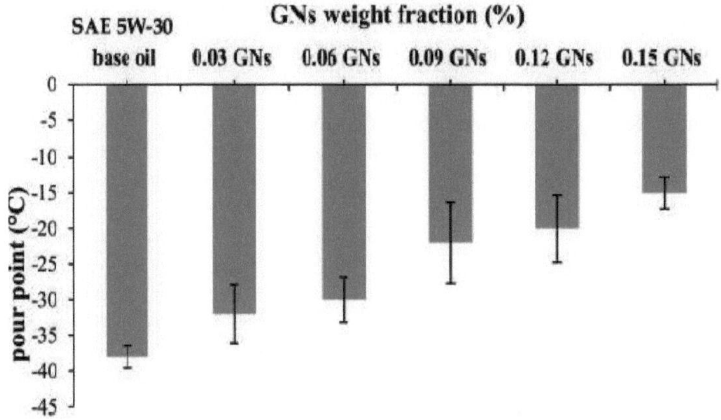

Figura 3.3. Ponto de fluidez do óleo de base e do óleo com várias percentagens de GNs.

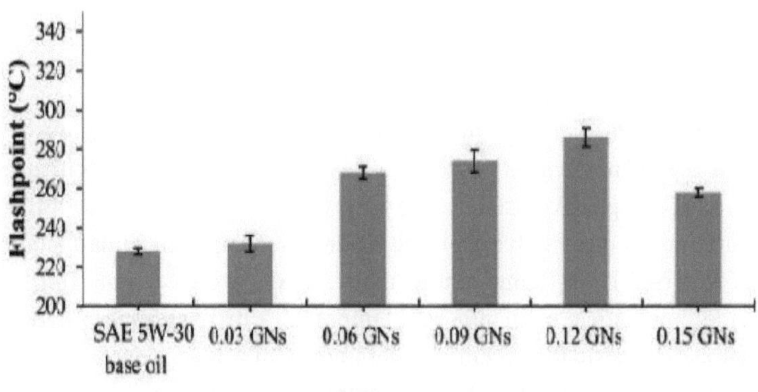

Figura 3.4. Ponto de inflamação do óleo isolado e do óleo com várias percentagens de GNs.

111.3.3. Condutividade térmica

No arrefecimento de motores e máquinas, os fluxos de calor são causados por fricção ou combustão e mantêm o lubrificante estável. Dentro do limite do ponto de inflamação, a condutividade térmica desempenha um papel crítico. As nanopartículas aumentam a condutividade térmica do óleo 5W-30. Estes materiais têm uma elevada relação superfície/volume devido ao óxido metálico e às nanopartículas; melhoram a condutividade térmica dos nanoenchimentos com uma vasta gama de estruturas homogéneas e estáveis: Figura 3.5, óleo base SAE 5W-30 e diferentes concentrações de GNs. Um aumento do volume de nanocargas no fluido contendo GN levou a um aumento da condutividade térmica, tudo graças à excelente condutividade térmica e à dispersão eficaz do calor do GN. Em proporções de GN de 0,03, 0,06, 0,09, 0,12 e 0,15 por cento em peso, a condutividade térmica aumenta em 7, 12, 6, 16,5, 19,7 e 29,9 por cento, respetivamente. Graças às suas propriedades de superfície e ação microscópica, a forma mais eficaz de aumentar a condutividade térmica é utilizar nano-óleo com 0,15 % em peso de GNs.

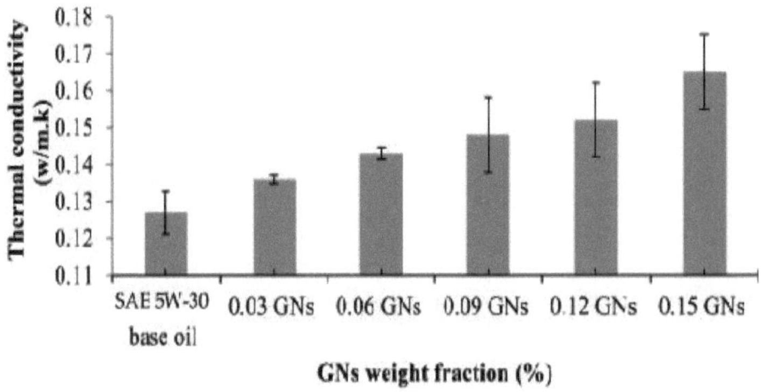

Figura 3.5. Condutividade térmica de diferentes composições do nano-óleo.

111.3.4. Viscosidade cinemática

Ao selecionar um óleo adequado para qualquer máquina, a viscosidade cinemática é fundamental. O corte de camadas ou planos de lubrificação uns sobre os outros é possível devido a esta propriedade. O efeito de vedação, a fricção interna e o desenvolvimento de calor nos componentes da máquina são todos afectados. Uma temperatura mais baixa provoca um aumento da viscosidade cinemática, enquanto uma temperatura mais elevada provoca a sua diminuição. A viscosidade cinemática diminui com a idade, exposição a outros óleos, água, partículas e outros factores ambientais. A viscosidade cinemática a 40 e 100 °C é apresentada na Figura 3.6a,b. Devido à sua capacidade de formar ligações covalentes não polares, verificou-se que os GN aumentam a viscosidade cinemática e a resistência ao cisalhamento dos nano-óleos [104]. O índice de viscosidade (VI) em função da concentração de GNs está representado na Figura 3.6c. Um índice de viscosidade (VI) mais elevado promove uma viscosidade mais estável numa gama de temperaturas (independente da temperatura). Observa-se que os valores do VI aumentam com a adição de 0,09% e 0,15% de GNs em 8,5% e 10,5% para as amostras de óleo SAE 5W-30, respetivamente. As amostras de lubrificante com 0,03% e 0,06% de nanopartículas de GN parecem não influenciar o VI para todas as amostras de lubrificante. Este facto confirma que o aditivo GN melhorou com sucesso a estabilidade das amostras de lubrificantes. Verificou-se que a viscosidade cinemática se estabiliza no intervalo de temperatura de 40-100 °C quando se observa a Figura 6a,b. Isto é evidente quando se comparam os dados da viscosidade cinemática na Figura 3.6a,b. Muitas variáveis afectam a viscosidade cinemática dos óleos lubrificantes suplementados com nano cargas [105]. Além disso, a película de lubrificação dilui-se sob temperaturas, pressões ou velocidades extremas, permitindo que as superfícies entrem em contacto. Os GN podem ter evitado a lubrificação de fronteira aumentando a viscosidade do óleo e o índice de viscosidade. A melhor viscosidade é encontrada no nano-óleo contendo GNs numa concentração de 0,09 wt.%.

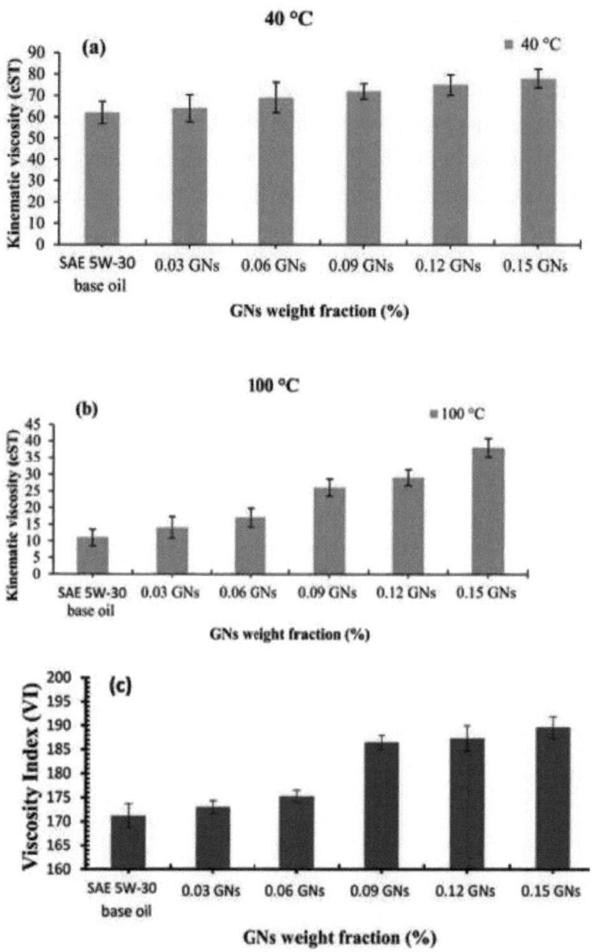

Figura 3.6. Viscosidade cinemática do nano-óleo a (a) 40 °C, (b) 100 °C, e (c) índice de viscosidade para diferentes composições.

111.3.5. Propriedades tribológicas

Um tribo-tester de quatro esferas mede o desgaste do lubrificante e os coeficientes de fricção sob pressão extrema. De acordo com a pressão a que é aplicada, podem distinguir-se os regimes de lubrificação de transição, hidrodinâmico e de camada limite. Uma camada de fricção, lubrificação e desgaste provoca cicatrizes nas esferas inferiores. O diâmetro médio das chamadas cicatrizes de desgaste pode ser utilizado para medir a quantidade de desgaste nas esferas (WSD). Embora a Figura 3.7a,b mostre cicatrizes de 5W-30, a superfície desgastada da esfera em ambos os casos foi lubrificada com nano-óleo, que é utilizado em concentrações tão baixas como 0,12 por cento em peso. É inegável que a lubrificação 5W-30 provoca mais cicatrizes de desgaste e deformação da superfície. O EDX das superfícies desgastadas revelou que um tribo-filme de GNs, ferro e crómio reduziu a fricção entre as superfícies em contacto.

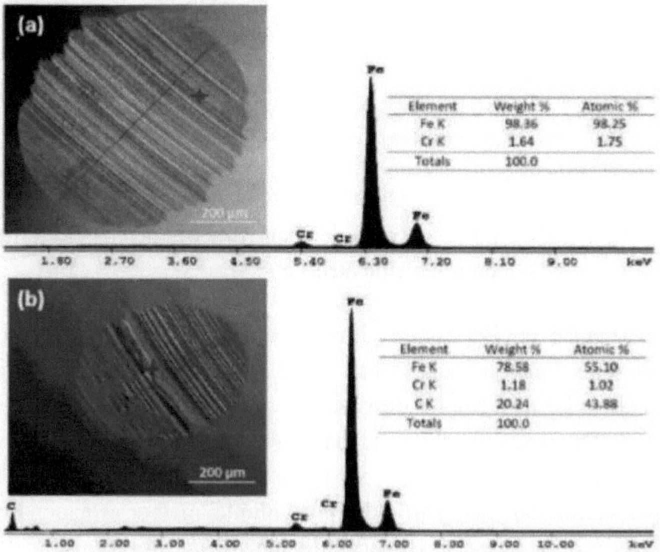

Figura 3.7. SEM de (a) óleo SAE 5W-30, o seu EDX na marca vermelha, e (b) óleo 5W-30 com 0,12 wt.% GNs, o seu EDX na marca vermelha.

O WSD médio e o coeficiente de fricção são apresentados na Figura 3.8. À medida que o teor de GN aumenta de 0,00 para 0,12 % em peso, forma-se uma película lubrificante hidrodinâmica resistente, reduzindo o WSD e o coeficiente de fricção. As baixas concentrações de GN tendem a ter rácios de superfície/volume mais elevados [106,107]. Devido a este volume, a amálgama, a uniformidade, a fricção e o WSD aumentam. Outra possibilidade é que, à medida que a concentração de GN aumenta, se forma uma camada protetora de partículas de GN na superfície do pino, o que aumenta o atrito ao prender o óleo, as nanopartículas e as superfícies. Este facto confirma a presença de elementos de carbono na superfície desgastada. Podemos concluir que o processo de lubrificação com óleo foi efectuado através da formação de um tribo-filme de GNs, ferro, crómio e uma pequena porção de outros elementos na superfície da esfera (ver Figura 3.7).

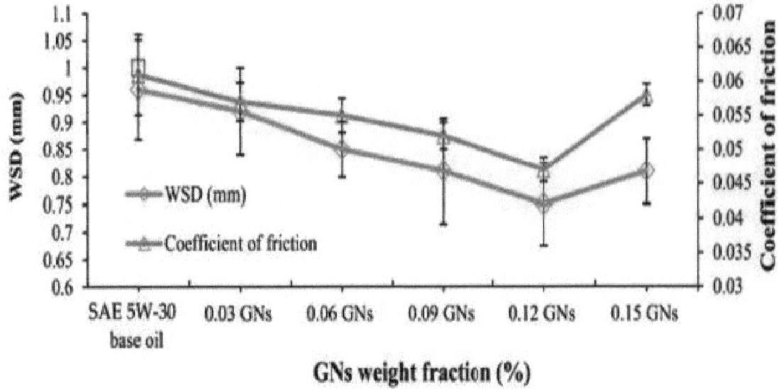

Figura 3.8. Foi estudada uma vasta gama de concentrações de GN em termos de coeficiente de atrito e WSD.

Quando as partículas de GN foram elevadas acima do limite ideal, o atrito aumentou nas superfícies (ou seja, 0,12). Foi observado um nível adicional de concentração de 0,12 de taxa de desgaste; à medida que a concentração de partículas GN aumentava, quando as partículas GN atingiam a sua gama máxima efectiva, o desgaste das partículas e a abrasão da superfície aumentavam. Quanto mais nanopartículas por volume, melhor as nanopartículas depositadas. As propriedades tribológicas do lubrificante foram estudadas por Choi et al. [108] e Yu et al. [109] utilizando nanopartículas, e os resultados foram os mesmos. A lubrificação hidrodinâmica é um excelente método para reduzir o atrito e o desgaste. Por outro lado, têm-se registado progressos nas propriedades cinemáticas e térmicas dos GN. A dispersão de 0,09% em peso de GNs permitiu o desenvolvimento de um tribo-filme, o que reduziu o atrito e o desgaste.

111.3.6. Comparação entre o presente trabalho e trabalhos anteriores

Esta secção compara as propriedades tribológicas dos presentes resultados e de estudos anteriores, como se mostra na Figura 3.9. No entanto, são consideradas as diferenças entre os tipos de partículas de aditivos utilizados e os tipos de óleos utilizados e a comparação entre as propriedades tribológicas obtidas. De acordo com os manuscritos publicados, foram utilizadas diferentes nanopartículas, como CNTs, misturadas individualmente com óleo de biodiesel [110,111]; por outro lado, CNTs duplos e GNs foram adicionados ao SAE [96]. O coeficiente de atrito e o WSD com CNTs individuais com biodiesel e óleo de motor foram os mais elevados com um teor de 0,06 wt.% e 0,09 wt.%, respetivamente. Ao mesmo tempo, foram obtidos valores médios de coeficiente de fricção e WSD nas amostras de CNTs duplos e GNs. Especificamente, no presente estudo, o coeficiente de atrito e o WSD apresentaram o valor mais baixo nos GNs sintetizados com óleo SEA. Globalmente, isto deve-se às excelentes propriedades mecânicas e ao aspeto físico bidimensional dos GNs, enquanto que para a nanoescala, à medida que o número de camadas de grafeno aumenta, a rigidez local da área de contacto aumenta, levando a uma diminuição da deformação que surge do contacto ponto-a-ponto e, consequentemente, a uma diminuição do atrito [87].

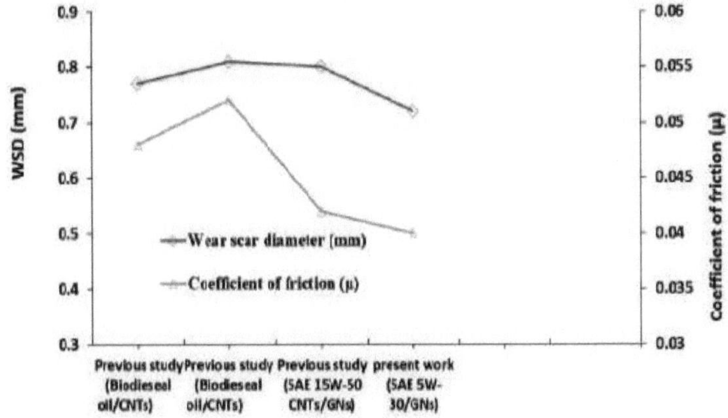

Figura 3.9. Comparação entre o presente trabalho e trabalhos anteriores relativamente às propriedades tribológicas [23,37,38].

Sintetizámos com sucesso óleo com nano-aditivos de GNs de modo a melhorar o desempenho do motor. Neste trabalho foram focadas diferentes propriedades, tais como tribológicas e reológicas, para estudar o efeito da adição de nano-aditivos de GNs nas propriedades tribológicas e reológicas do desempenho do motor a óleo.

De acordo com as observações anteriores, podemos identificar os pontos principais e os pontos novos:

1. aumento do ponto de inflamação de 25,4% quando a percentagem de GNs foi aumentada;
2. aumento da condutividade térmica através do aumento do teor de nanopartículas aditivas de GNs
3. reduziu a taxa de desgaste na concentração de 0,12 wt.% de GNs;
4. reduziu o atrito ao aumentar a concentração de GNs abaixo de 0,12 wt.%;
5. o índice de viscosidade do óleo lubrificante SAE 5W-30 foi aumentado em 8,5% usando 0,09 wt.% GNs como aditivo.

IV. Otimização das propriedades reológicas e do desempenho tribológico do óleo de base SAE 5w-30 com adição de MWCNTs

IV.1. Introdução

Atualmente, são utilizados vários lubrificantes para reduzir a fricção e o desgaste das peças em atrito no interior de inúmeros sistemas mecânicos, incluindo motores de combustão interna, engrenagens, rolamentos, turbinas e bombas [112,113]. Em contrapartida, a razão bastante prevalecente para a deterioração dos sistemas é a incapacidade dos lubrificantes para proteger o desgaste. Para melhorar as propriedades dos lubrificantes, diferentes nanopartículas têm desempenhado um papel significativo na promoção do desempenho [114]. Resultados de investigações anteriores sugerem que a presença de nanomateriais no óleo lubrificante melhora as suas propriedades termofísicas e tribológicas [115-119]. Além disso, existem atualmente muitos problemas com o óleo de motor, como a pressão extrema, a resistência ao desgaste, os metais corrosivos e um ambiente poluído. Para resolver estes problemas, tornou-se popular a adição de nanoaditivos de carbono aos óleos lubrificantes para melhorar a qualidade dos mesmos. A maior parte deste lubrificante sólido forma uma película lubrificante na superfície do metal, impedindo assim o contacto direto do metal para agravar o desgaste [120]. Os óleos de motor são fluidos tixotrópicos; as suas propriedades alteram-se com o tempo. Sob o impacto de tensões de cisalhamento, a falha do lubrificante em condições severas afecta a microestrutura e as propriedades do par de fricção, resultando na sua deterioração e falha. Os lubrificantes são normalmente utilizados nas indústrias automóvel, de rolamentos, de bombagem e outras. Apesar disso, os comportamentos de desgaste e de fricção podem ser previstos, mas sob uma carga elevada, aumento da temperatura e velocidades de deslizamento, o material continua a falhar. Os lubrificantes estão expostos a mecanismos de degradação; por exemplo, mecanismos físicos e químicos como a tensão de cisalhamento, a evaporação do lubrificante e a adição de impurezas por poluentes e detritos. A degradação química inclui a oxidação, para além do esgotamento dos melhoradores a uma temperatura mais elevada. Além disso, outra forma de degradação é a mistura de diferentes tipos de lubrificantes vulneráveis a reagir entre si em condições de funcionamento [121-123]. Nos últimos anos, os óleos que contêm nanomateriais têm apresentado propriedades térmicas e tribológicas de cortar a respiração em comparação com os lubrificantes convencionais. Os nanolubrificantes à base de óleo de motor reduzem totalmente a fricção e o desgaste, cumprindo as normas industriais e muitas vezes excedendo-as. O grafeno e os nanotubos de carbono de paredes múltiplas (MWCNT) dispersos em lubrificantes convencionais sob diferentes cargas e condições demonstraram propriedades tribológicas melhoradas devido a coeficientes de fricção mais baixos e à partilha de cargas [124]. Zvereva et al. [125] estudaram a influência de aditivos nanoestruturados, diproxamina, nanotubos de carbono e lamas de carbonato desidratadas no desempenho do lubrificante e observaram uma redução da viscosidade de 10-20%, para além de uma melhoria do índice de viscosidade. Além disso, a nanodiproxamina melhorou a viscosidade do combustível a altas temperaturas (75 °C) e as lamas de carbonato desidratadas diminuíram a viscosidade do combustível da caldeira. Ahmadi et al. [126] estudaram o efeito dos MWCNTs em diferentes concentrações no ponto de inflamação, viscosidade, ponto de fluidez e condutividade térmica para melhorar as propriedades dos lubrificantes. Utilizaram um moinho de bolas planetário para dispersar os MWCNTs no óleo de base e registaram uma melhoria no ponto de inflamação e na condutividade térmica dos nanolubrificantes relativamente ao óleo de base. Dinesh et al. [127] avaliaram o impacto da adição de MWCNTs e de nanopartículas de óxido de zinco no desempenho do óleo de motor e obtiveram resultados notáveis. Saxena et al. [128] investigaram os efeitos dos nanolubrificantes nas propriedades termofísicas, reológicas e tribológicas de lubrificantes comerciais.

Eventualmente, o aumento da fração volumétrica das nanopartículas conduziu a um aumento do desempenho do lubrificante [129,130]. Os CNT têm suscitado grande interesse devido às suas notáveis propriedades mecânicas, térmicas, eléctricas, químicas e ópticas [131,132]. Os CNT podem atenuar a fricção e o desgaste em contactos carregados devido à sua forma, elevado rácio de aspeto e alta flexibilidade. Foi estudado o efeito dos nanotubos de carbono (CNT) e da adição de óleo parafínico no ponto de inflamação, viscosidade cinemática, ponto de fluidez, propriedades tribológicas e coeficiente de condutividade térmica do óleo para engrenagens [129]. Devido às propriedades inigualáveis dos nanolubrificantes em comparação com os óleos de motor normais, o desempenho do lubrificante e as características operacionais melhoraram consideravelmente após a dispersão das nanopartículas no óleo de base. Bahaa et al. [133] estudaram as propriedades reológicas e tribológicas de um óleo de motor comercial de grau 15W50 disperso com CNTs e nanofolhas de grafeno (GNs). Com uma concentração de 1,5% em peso de CNT e 0,5% em peso de GN, a viscosidade cinemática aumentou cerca de 76,8%, a condutividade térmica aumentou 77%, o ponto de fluidez e o ponto de inflamação aumentaram 20 e 15%, respetivamente, e os coeficientes de desgaste e de fricção foram reduzidos em 78 e 48%, respetivamente. A revisão da literatura destaca os problemas associados aos lubrificantes convencionais e a sua incapacidade de atuar em condições de funcionamento severas. As lacunas de investigação no presente contexto incluem informações esparsas sobre o efeito das nanocargas no lubrificante, não havendo uma solução imediata para o fraco desempenho dos lubrificantes convencionais através da adição de lubrificantes. As lacunas de investigação também exigem uma composição óptima de um lubrificante à base de nanocargas para um melhor desempenho global. O presente estudo investiga a percentagem de peso óptima (wt.%) de MWCNTs, que pode ser utilizada como aditivo no óleo lubrificante comercial para melhorar o seu desempenho. As propriedades reológicas, tais como os pontos de fluidez e de inflamação e a viscosidade cinemática, e as propriedades tribológicas, tais como os coeficientes de desgaste e de fricção, foram medidas para determinar o desempenho do óleo de base e após a dispersão dos aditivos MWCNT.

IV.2. Trabalho experimental

IV.2.1. Materiais

Os MWCNTs, com uma pureza de 97%, foram adquiridos à Nano Tech Co., Ltd, 6 de outubro, Giza, Egipto. O comprimento e o diâmetro dos MWCNTs eram de 2-20 gm e 10-12 nm, respetivamente. O óleo lubrificante Shell Helix 5W-30, que é um tipo popular e amplamente utilizado para lubrificação em motores e bombas, foi utilizado como óleo de base [134,135]. As principais propriedades do óleo de base são apresentadas na Tabela 4.1.

Tabela 4.1. Propriedades e especificações do óleo de base Helix 5W-30.

Imóveis	Valor
Grau de lubrificação	SAE 5w-30
Ponto de escoamento, °C, ASTM D97	-48
Densidade a 15 °C, kg/m^3 , ASTM D4052	848
Viscosidade cinemática a 40 °C mm^2 /s, ASTM D445	73.95
Viscosidade cinemática a 100 °C, mm^2 /s, ASTM D445	12.02
Ponto de inflamação, Cleveland Open-Cup, °C, ASTM D92	220

IV.2.2. Caracterização dos MWCNTs

Uma máquina PANalytical X'Pert Pro de difração de raios X (XRD) carregada com o software de recolha de dados X'Pert detectou a pureza, as fases e a estrutura cristalina dos MWCNTs. Foram utilizados um software de análise e uma pontuação elevada para identificar os picos. A estrutura e as dimensões dos MWCNTs foram examinadas por microscopia eletrónica de transmissão (TEM), Jeol JEM1200.

IV.2.3. Fabrico do nanolubrificante e do equipamento de ensaio

A Figura 4.1 mostra o equipamento utilizado para a preparação, teste e análise do nano-óleo. Primeiro, os MWCNTs foram agitados em N,N-dimetilformamida (DMF). A percentagem de DMF foi de 3% do peso das nanopartículas, que se dispersaram de forma inovadora para evitar a aglomeração durante 30 minutos, tal como sugerido em estudos anteriores [133,136]. Os MWCNTs agitados foram depois misturados com o óleo de base e agitados utilizando um homogeneizador SCILOGEX D500 para garantir a homogeneidade da composição sem aglomeração. Os espécimes foram preparados em seis composições para teste e análise. O óleo de base sem MWCNTs foi tomado como amostra de referência sem nanoenchimentos (0,00) e cinco espécimes de nano-óleo com a composição de MWCNTs de 0,02, 0,04, 0,06, 0,08 e 0,1% em peso foram as outras cinco composições. As propriedades tribológicas das amostras foram testadas utilizando um aparelho de teste de quatro esferas (mostrado nas Figuras 1 e 2), o ponto de fluidez foi medido num HZNQ 1101, o ponto de inflamação foi determinado utilizando um aparelho de ponto de inflamação de copo aberto e as propriedades térmicas foram medidas num analisador de propriedades térmicas K2D, como mostrado na Figura 4.1.

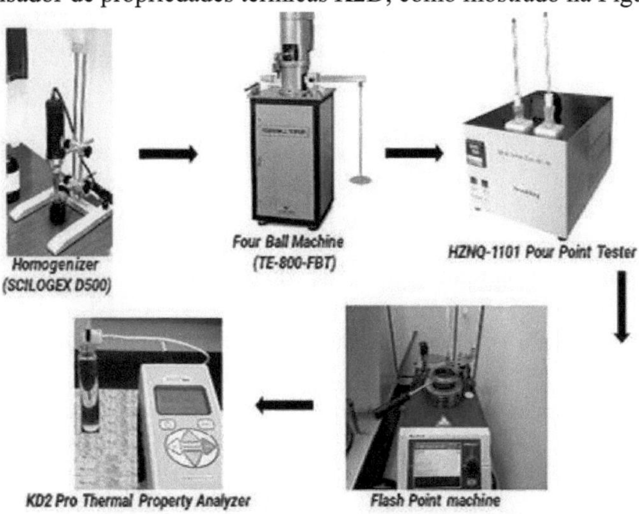

Figura 4.1. Uma fotografia do equipamento utilizado para a preparação, teste e análise do nano-óleo.

IV.2.4. Ensaios tribológicos

As propriedades tribológicas do óleo comercial SAE 5w-30 com diferentes fracções de carga foram medidas utilizando um tribo-tester de quatro esferas [130,137], representado na Figura 4.2. Os testes foram efectuados em condições severas para avaliar o desgaste e o binário de fricção. Uma esfera superior (feita de aço GCr15, Ra = 0,016 μm e 61 HR) rodou ao longo de um eixo perpendicular com uma velocidade de fricção de 1200 ±60 contra três esferas estacionárias sob uma carga variada até 800 N durante 60 min à temperatura ambiente. Isto está relacionado com uma pressão de contacto de aproximadamente 1 Gpa com uma pressão de contacto média de aproximadamente 0,7 GPa [27]. Uma célula de carga forneceu diretamente os valores do coeficiente de atrito de acordo com a norma ASTM D-5183. Posteriormente, foram calculados os valores médios. A pressão extrema (EP) do nanofluido foi medida de acordo com a norma ASTM D-2596 depois de a velocidade ter aumentado para 1770 rpm. O método do diâmetro da cicatriz de desgaste (WSD) foi utilizado para calcular o desgaste das três esferas inferiores estacionárias para gerar resultados estatisticamente fiáveis. Foram efectuados cinco testes para cada composição de nanofluido.

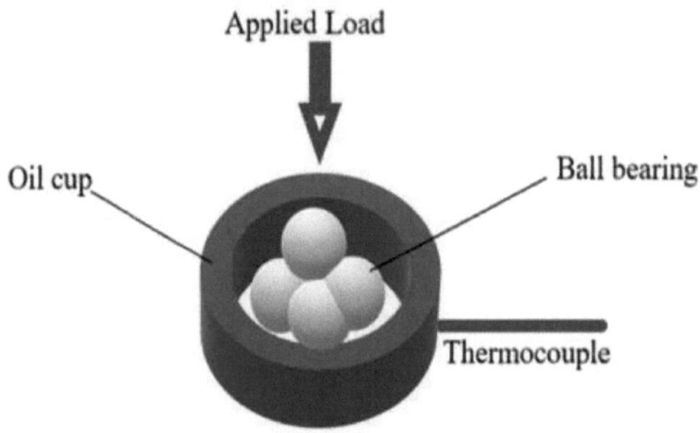

Figura 4.2. Diagrama esquemático do tribo-teste de quatro bolas

IV.2.5. Medições do ponto de fluidez, do ponto de inflamação e da condutividade térmica

O ponto de escoamento é a temperatura mínima à qual um líquido perde as suas propriedades de escoamento. É o comportamento fundamental do óleo lubrificante para fluir a uma determinada temperatura. O óleo virgem e o óleo com nanopartículas adicionadas foram vertidos para um recipiente e mantidos num suporte para tubos de ensaio. Após a solidificação, os tubos de ensaio foram extraídos e um termómetro mediu as temperaturas a que as amostras solidificadas começaram a derreter e a fluir [138, 139]. Utilizando a norma ASTM D-97, a temperatura foi anotada e o ponto de escoamento das amostras de óleo foi registado. A temperatura do ponto de inflamação é utilizada para medir a propensão das amostras de ensaio para produzir uma mistura inflamável com o ar em estados especificados. É considerada uma das propriedades mais valiosas para estimar a inflamabilidade global de um material.

Utilizando a norma ASTM D-93, o ponto de inflamação foi medido para examinar a resposta ao calor e a uma fonte de ignição. Os pontos de inflamação foram fixados experimentalmente aquecendo o líquido num recipiente e, em seguida, introduzindo uma chama modesta sobre a superfície do líquido. O ponto de inflamação corresponde à temperatura a que a amostra de óleo se inflama [140]. Foram utilizadas diferentes técnicas para estimar a condutividade térmica dos nanofluidos através dos métodos de estado estacionário [141], oscilação de temperatura [142], hotwires transitórios [143] e 3-omega [144]. Foi utilizado um dispositivo KD2-Pro para medir a condutividade térmica das amostras de nano-óleo através do método de fio quente transitório.

IV.2.6. Medição da viscosidade cinemática

A viscosidade cinemática do óleo de base e do nano-óleo foi medida por um viscosímetro cinemático, que indica a resistência do lubrificante ao cisalhamento e à deriva sob a ação da gravidade e do gradiente. Foram estudados dois tipos de viscosidades do óleo: a viscosidade cinemática e a viscosidade dinâmica. A viscosidade dinâmica representa as forças necessárias para fazer o fluido fluir, enquanto a viscosidade cinemática dá a taxa de fluxo sob uma força aplicada. A viscosidade dinâmica é também conhecida como viscosidade absoluta. Um viscosímetro cinemático regula o caudal de um lubrificante.

Um viscosímetro automático de tubo capilar mediu a viscosidade cinemática em conformidade com a norma D445 (ISO 3104). Normalmente, a viscosidade cinemática varia com a temperatura. É medida em centistokes (CST) ou mm^2 /s. O sistema de classificação ISO 3448 para a viscosidade da maioria dos óleos lubrificantes indica que esta é de 40 °C. Uma média de cinco leituras assegurou a reprodutibilidade dos resultados a duas temperaturas de ensaio, nomeadamente, 40 °C e 100 °C. A viscosidade mínima, máxima e média do óleo a 40 °C correspondente ao grau SAE 5w-30 deve ser de 90, 110 e 100 CST, respetivamente. A maioria dos óleos de motor está exposta a temperaturas elevadas. A viscosidade cinemática para os óleos de motor é referenciada a 100 °C de acordo com a norma SAE J300. A 100 °C, a interferência da contaminação por fuligem do motor diminui [145].

IV.3. Resultados e discussões

IV.3.1. Caracterização dos MWCNTs

A Figura 4.3a mostra as imagens TEM, fornecendo informações intrínsecas valiosas, tamanho e dimensões de MWCNTs típicos adicionados ao óleo base SAE 5w-30. O diâmetro dos MWCNTs era de ~8 nm e o comprimento era de ~10-20 nm. A Figura 4.3b apresenta o padrão XRD dos MWCNTs, revelando a sua estrutura cristalográfica. Surgiu um pico proeminente contra o ruído de fundo a 26 = 26,5°, identificado como

MWCNTs pelos cartões de dados Highscore plus com um valor hkl de (0 0 2).

A pureza dos MWCNTs e o seu tamanho foram assim confirmados

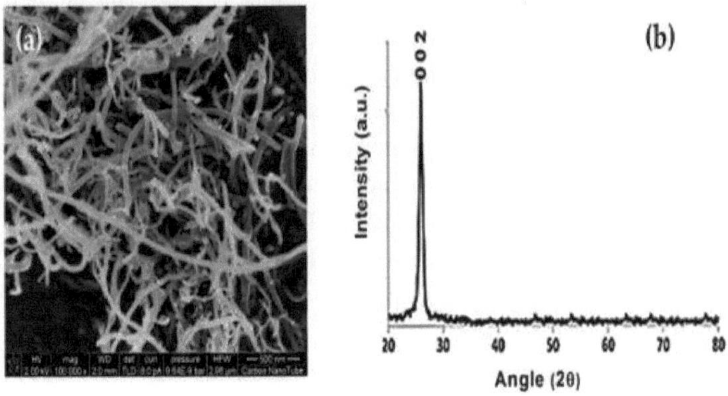

Figura 4.3. (a) A imagem TEM dos MWCNTs. (b) Os padrões de XRD dos MWCNTs.

IV.3.2. Ponto de fluidez e ponto de inflamação

A temperatura do ponto de fluidez indica a temperatura à qual um lubrificante se torna demasiado viscoso e deixa de fluir. Trata-se de uma propriedade importante que determina o desempenho global de um lubrificante e aumenta a eficiência de um motor, reduzindo o desgaste na fase inicial do arranque a frio. Devido à ausência de circulação de óleo entre as peças do motor, o óleo é difícil de bombear para os canais. Quando os motores e as máquinas estão frios e a viscosidade do óleo está no máximo, o ponto de fluidez do lubrificante determina a facilidade de arranque.

Foram feitas várias tentativas para aumentar a capacidade de bombagem e de escoamento do óleo, de modo a que este possa chegar às partes móveis o mais rapidamente possível. A literatura publicada afirma que o ponto de fluidez do óleo é a temperatura abaixo da qual o fluido perde a sua capacidade de escoamento normal. A Figura 4.4 mostra a temperatura do ponto de fluidez das diferentes composições do óleo de base e do nano-óleo. O ponto de fluidez do óleo de base é o mais baixo, ao passo que a adição de MWCNTs aumentou a temperatura do ponto de fluidez até 0,08 wt.% em cerca de 74% e diminui novamente a 0,10 wt.%. O nanoaditivo formou ligações covalentes não polares mais fortes com as moléculas do óleo de base. Os resultados obtidos indicam que, para além da concentração de 0,06 wt.%, o efeito dos MWCNTs tende a saturar. Para além de 0,08 wt.%, os MWCNTs não tiveram qualquer impacto no ponto de fluidez dos nanolubrificantes.

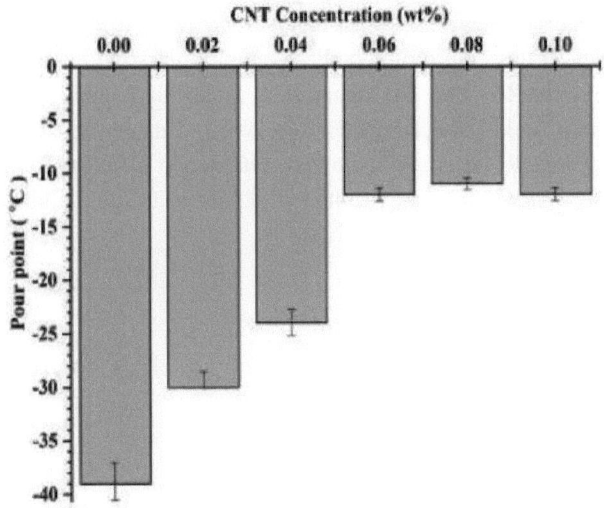

Figura 4.4. Temperaturas de ponto de fluidez das diferentes composições do nano-óleo

O ponto de inflamação de um lubrificante é importante para determinar a sua volatilidade e resistência à inflamabilidade, juntamente com o ponto de inflamação. A temperatura mínima à qual o lubrificante gera vapores combustíveis substanciais pode gerar um flash se misturado com o ar e colocado em contacto com uma chama [146]. O ponto de inflamação determina a temperatura segura a que um lubrificante pode ser armazenado e transportado sem o risco de auto-ignição. Os pontos de inflamação mais elevados são desejáveis para a estabilidade termoquímica de um lubrificante. A Figura 4.5 mostra os resultados do ponto de inflamação das composições dos nano-óleos reforçados com MWCNTs. A adição de MWCNTs aumentou drasticamente o ponto de inflamação do óleo de base para 0,06 wt.%, diminuindo a sua volatilidade e facilitando o manuseamento dos nano-óleos. O ponto de inflamação saturado a 0,08 wt.% de concentração tendeu a diminuir novamente, e caiu ainda mais significativamente entre 0,08-0,10 wt.%. Estudos anteriores registaram a mesma tendência de aumento dos pontos de inflamação até uma determinada composição dos nanoaditivos e depois uma diminuição [146,147]. A razão para esta diminuição não foi revelada. O aumento do ponto de inflamação pode ser atribuído ao aumento da condutividade térmica, conferindo resistência à formação de vapores combustíveis. A elevada condutividade térmica dos MWCNTs pode inspirar um aumento do ponto de inflamação dos nanolubrificantes em comparação com o óleo lubrificante de base, permitindo assim uma melhoria notável [148]. O nanoaditivo formou ligações covalentes não-polares mais fortes com o óleo de base, exigindo assim uma maior energia para a sua eliminação. Por conseguinte, a estabilidade térmica aumentou, elevando o ponto de inflamação. Após 0,08 wt.%, a dispersão dos MWCNTs não era homogénea devido a aglomerações, retardando a formação de ligações covalentes não polares. Como resultado, a formação de vapor aumentou novamente a uma temperatura mais baixa.

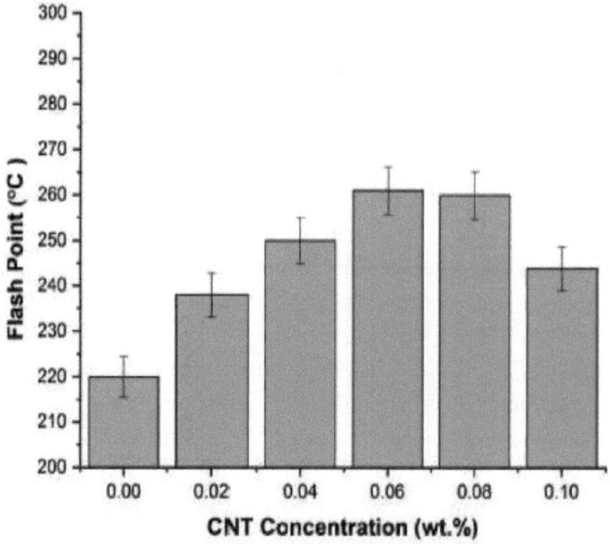

Figura 4.5. Temperaturas de ponto de inflamação das diferentes composições do nanoóleo

IV.3.3. Condutividade térmica

A condutividade térmica de um lubrificante desempenha um papel significativo no arrefecimento do motor e das peças da máquina e na transferência do calor gerado pela fricção ou pela combustão do combustível, mantendo-o a uma temperatura razoável, à qual é termicamente estável e dentro do limiar do ponto de inflamação. De um modo geral, a presença de nanopartículas num óleo de base melhora a sua condutividade térmica. Os óxidos metálicos e as nanopartículas têm um rácio elevado entre a superfície e o volume. Vários investigadores indicaram propriedades físicas e mecânicas impressionantes para esta forma inovadora de carbono, incluindo a condutividade térmica dos CNT, que tem merecido grande atenção. Medições recentes da condutividade dos CNT confirmaram condutividades de cerca de 3000 W/m K para os nanotubos de carbono de paredes múltiplas (MWCNT) [149]. Os nanoenchimentos homogéneos e estáveis com estruturas diversas apresentam um melhor fenómeno de condução térmica [146,147,150]. A Figura 4.6 mostra a condutividade térmica do óleo virgem e dos nanolubrificantes em diferentes composições.

O fluido que contém MWCNTs mostrou um aumento definitivo da condutividade térmica, consistente com o aumento da concentração dos nanoenchimentos, o que foi atribuído à excelente condutividade térmica dos MWCNTs e à sua capacidade de dissipar rapidamente o calor a granel. A melhoria da condutividade térmica nas composições 0,02, 0,04, 0,06, 0,08 e 0,10 wt.% de MWCNTs foi de 1,6, 6,4, 10,4, 14,5 e 18,6%, respetivamente. O nano-óleo com 0,06 wt.% de MWCNT apresentou a maior inclinação e melhoria na condutividade térmica devido às propriedades de superfície dos MWCNTs e à sua atividade microscópica.

Além disso, os movimentos aleatórios das nanocargas suspensas no óleo, resultantes do impacto molecular e das suas transições, aumentam a condutividade térmica [129]. Estes movimentos moleculares aumentam com um aumento da temperatura, aumentando assim a condutividade térmica. Devido à melhoria da condutividade térmica e ao movimento dos nanoenchimentos no óleo, a formação de lamas de óleo pode ter sido evitada na superfície interna do motor. A presença dos MWCNTs reduziu efetivamente a espessura da camada de lubrificante quando a temperatura aumentou, tornando o óleo do motor menos propenso a arder devido ao armazenamento térmico restrito e aumentando a sua eficiência. A dispersão uniforme favorece a condutividade térmica dos nanofluidos, ao passo que a maior separação entre eles a reduz, pelo que quanto maior for a concentração de MWCNTs, maior será a condutividade térmica. Uma condutividade térmica elevada é desejável para a estabilidade e o arrefecimento. No entanto, não interfere diretamente nem influencia outras propriedades, como os coeficientes de fricção, o desgaste, os pontos de inflamação, os pontos de fluidez e a viscosidade cinemática.

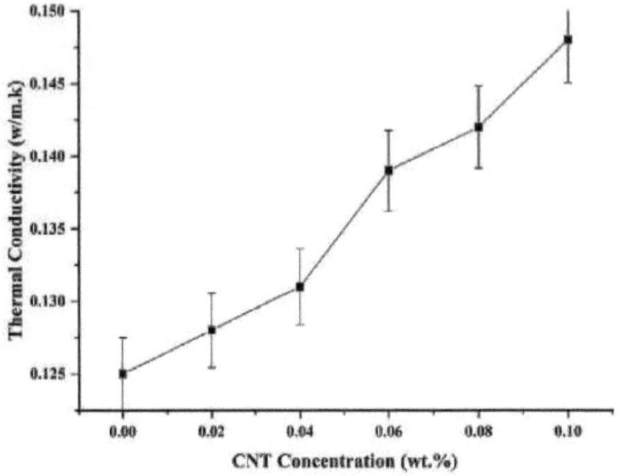

Figura 4.6. Condutividade térmica das diferentes composições do nano-óleo

IV.3.4. Viscosidade cinemática

A viscosidade cinemática de muitos lubrificantes é importante para a sua utilização adequada; por exemplo, o fluxo de combustíveis através de condutas, bicos de injeção e orifícios e a determinação da gama de temperaturas para o funcionamento adequado do combustível em queimadores [151].

As viscosidades cinemáticas dos nanolubrificantes foram medidas a 40 °C e a 100 °C em diferentes concentrações 0,02, 0,04, 0,06, 0,08 e 0,10 wt.% no contexto do estudo da influência da concentração de nanotubos de carbono e da têmpera na viscosidade dos lubrificantes. Como ilustrado na Figura 4.7, a viscosidade de todas as amostras diminuiu. O nanotubo coalesceu para formar grandes partículas assimétricas à medida que a concentração aumentava, impedindo o movimento das camadas de óleo umas sobre as outras e aumentando assim a viscosidade. Em geral, de acordo com vários estudos, a forma como os nanofluidos alteram a viscosidade é influenciada por diferentes factores, tais como o fluido, o tipo de nanoaditivos, a taxa de concentração e o método de dispersão dos nanoaditivos no fluido de base, bem como a dispersão dos nanoaditivos no fluido de base. Neste estudo, a viscosidade do óleo de base foi reduzida em cerca de 75% a uma concentração de 100 °C e 0,1% pela adição de nanotubos de carbono.

No caso dos nanolubrificantes, foi aumentado em cerca de 31,7% a 40 °C e 0,1 wt.%, a maior redução e aumento da viscosidade, respetivamente. Por último, a adição de MWCNTs ao óleo SAE 5w-30 teve um efeito significativo nas baixas concentrações de viscosidade do óleo de base. A Figura 4.8 mostra o efeito da concentração de MWCNTs no índice de viscosidade do filme lubrificante. O índice de viscosidade é um parâmetro importante que indica as propriedades de fluxo relacionadas com a temperatura de um óleo. A seleção de um óleo sem ter em conta o seu VI para uma determinada aplicação pode levar a um desgaste prematuro e a danos dispendiosos na maquinaria.

Um VI mais elevado é mais desejável porque permite que o lubrificante forneça uma película lubrificante mais estável numa gama de temperaturas mais ampla [152]. Verificou-se que o aumento máximo do índice de viscosidade dos nanofluidos acima do óleo lubrificante líquido ocorreu na concentração de 0,10 CNT.

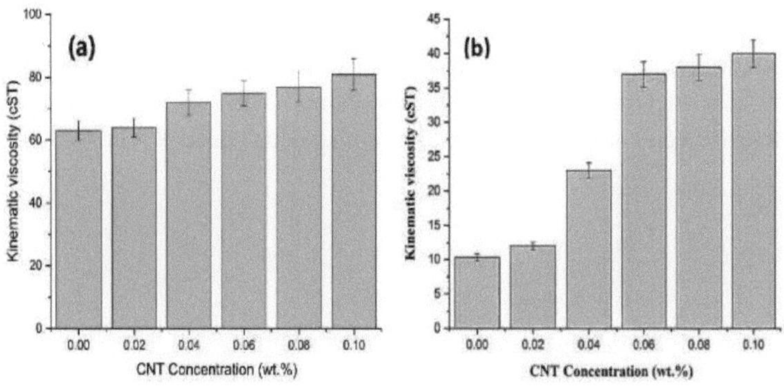

Figura 4.7. Viscosidade cinemática das diferentes composições do nano-óleo: (a) a 40 °C; (b) a 100 °C.

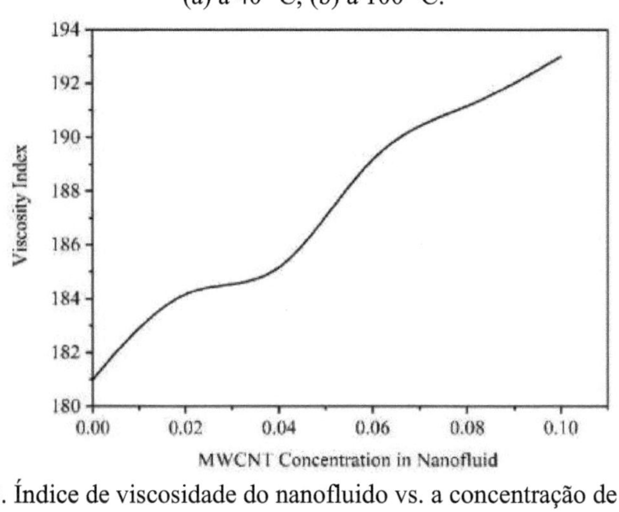

Figura 4.8. Índice de viscosidade do nanofluido vs. a concentração de CNT

IV.3.5. Propriedades tribológicas

O tribo-teste de quatro esferas determina os coeficientes de desgaste e de fricção de um lubrificante sob pressão extrema. O lubrificante apresenta três regimes, dependendo da pressão aplicada: o hidrodinâmico (desejável), o de transição ou misto e o da camada limite (indesejável) [153]. O atrito e o desgaste criam cicatrizes na superfície das esferas inferiores sob a lubrificação de camada limite e o diâmetro médio das cicatrizes de desgaste (WSD) nas esferas indica o seu desgaste após medição com um microscópio digital. A Figura 4.9a mostra a superfície desgastada da esfera sob lubrificação com óleo de base e a Figura 4.9b mostra a cicatriz criada com 0,06 wt.% de nano-óleo. Concluiu-se que a cicatriz de desgaste e a deformação da superfície foram maiores com a lubrificação com óleo de base. A cicatriz de desgaste sob a lubrificação com óleo de base incluía sulcos e canais subterrâneos visíveis, enquanto a cicatriz sob a lubrificação com nano-óleo era lisa com sulcos pouco profundos.

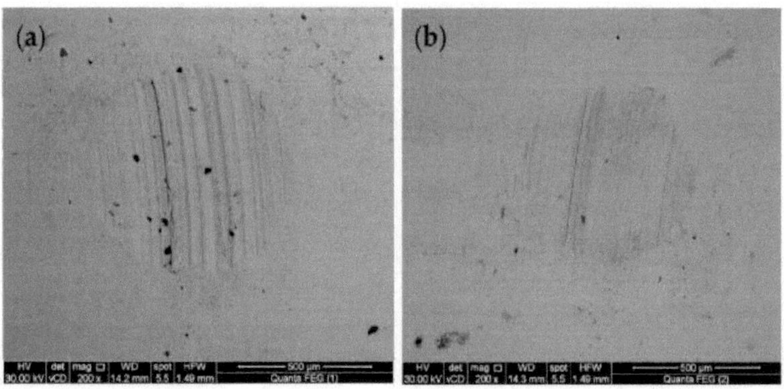

Figura 4.9. SEM da cicatriz de desgaste das esferas de aço lubrificadas com (a) óleo base SAE 5w-30; e (b) nano-óleo MWCNT 0,06 wt.%.

A Figura 4.10 apresenta um gráfico do WSD médio e do coeficiente de atrito para todas as composições de nano-óleo. O WSD e o coeficiente de fricção diminuíram com o aumento da concentração de MWCNTs de 0,00 para 0,06 wt.%. Para além desta concentração, a aglomeração e a falta de homogeneidade conduziram a um aumento do atrito e do WSD. Tipicamente, uma concentração baixa de MWCNTs apresenta uma natureza não polar com uma relação superfície/volume mais elevada [154]. Na concentração de 0,06 wt.%, a dispersão dos MWCNTs era suficientemente sólida para proporcionar as condições ideais para a formação do tribo-filme, reduzindo o atrito e o desgaste.

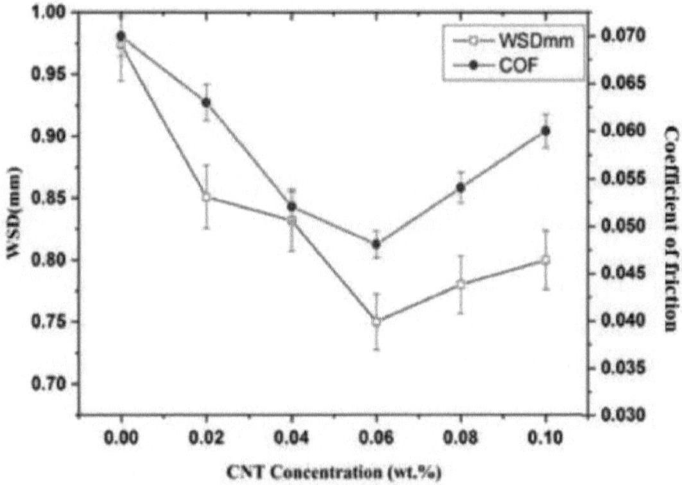

Figura 4.10. Coeficiente de fricção e diâmetro da cicatriz de desgaste medidos para diferentes concentrações de CNTs

IV.4. Conclusões

Este artigo explora o desenvolvimento de nanolubrificantes à base de óleo SAE 5w-30. A adição de MWCNTs aumentou a temperatura do ponto de fluidez para 0,08 wt.% em cerca de 74% e diminuiu para 0,10 wt.%. O ponto de inflamação aumentou do óleo de base para 0,06 wt.%, diminuindo a sua volatilidade e facilitando o manuseamento dos nano-óleos. O ponto de inflamação saturou na concentração de 0,08 wt.% e caiu significativamente entre 0,08 e 0,10 wt.% devido à não homogeneidade e aglomerações, retardando a formação de ligações covalentes não polares. O nano-óleo de 0,06 wt.% apresentou a maior inclinação e melhoria na condutividade térmica devido às propriedades de superfície dos MWCNTs e à sua atividade microscópica. O WSD e o coeficiente de fricção reduziram-se com o aumento da concentração de MWCNTs de 0,00 para 0,06 wt.% devido à formação de uma película lubrificante hidrodinâmica estável. Para além desta concentração, a aglomeração e a falta de homogeneidade conduziram a um aumento de ambos. O desempenho e a estabilidade melhorados dos nanolubrificantes oferecem grandes oportunidades para a redução da fricção e do desgaste, aumentando a vida útil dos lubrificantes e dos componentes das máquinas e permitindo poupanças consideráveis de combustível e energia.

Referência

1. Abdullah, M. I. H. C., bin Abdollah, M. F., Tamaldin, N., Amiruddin, H., & Nuri, N. R. M. (2016). Efeito das nanopartículas de nitreto de boro hexagonal como aditivo nas propriedades de extrema pressão do óleo do motor. *Industrial Lubrication and Tribology*, *68*(4), 441-445
2. Adhvaryu, A., Erhan, S. Z., & Perez, J.M. (2004). Estudos tribológicos de óleos vegetais modificados termicamente e quimicamente para utilização como lubrificantes amigos do ambiente. *Wear, 257,* 359-367
3. Aldana, P.U., Dassenoy, F., Vacher, B., Le Mogne, T., & Thiebaut, B. (2016). Propriedades antidesgaste e redutoras de atrito de nanopartículas WS2 em superfícies rugosas na presença de aditivo ZDDP. *Tribologia Internacional*, *102*, 213-221
4. Ali, M. K. A., Xianjun, H., Mai, L., Bicheng, C., Turkson, R. F., & Qingping, C. (2016). Reduzindo as perdas de potência por atrito e melhorando a resistência ao desgaste em motores automotivos usando nano materiais híbridos como aditivos nano-lubrificantes. *Wear*, *364-365*, 270-281
5. Alves, S. M., Barros, B. S., Trajano, M. F., Ribeiro, K. S. B., & Moura, E. (2013). Comportamento tribológico de lubrificantes à base de óleo vegetal com nanopartículas de óxidos em condições de lubrificação limite. *Tribology International*, *65*, 28-36
6. Bakunin, V. N., Suslov, A. Y., Kuzmina, G. N., & Parenago, O. P. (2005). Realizações recentes na síntese e aplicação de nanopartículas inorgânicas como componentes de lubrificantes. *Ciência da Lubrificação*, *17*, 127
7. Bakunin, V. N., Suslov, A. Y., Kuzmina, G. N., Parenago, O. P., & Topchiev, A. V. (2004). Síntese e aplicação de nanopartículas inorgânicas como componentes de lubrificantes - uma revisão. *Journal of Nanoparticle Research*, *6*, 273
8. Biresaw, G., Bantchev, G. B., & Cermak, S. C. (2011). Propriedades tribológicas de óleos vegetais modificados por reação com butanotiol. *Tribology Letters*, *43*, 1732
9. Cermak, S.C., Biresaw, G., Isbell, T.A., Evangelista, R.L., Vaughn, S.F., & Murray, R. (2013). Novos óleos vegetais - Propriedades como potenciais lubrificantes. *Industrial Crops and Products* ,*44*, 232-239
10. Charoo, M. S., Wani, M. F., Hanief, M., & Rather, M. A. (2017). Propriedades tribológicas das partículas de MoS2 como aditivo lubrificante na liga de aço EN31 e na esfera de aço AISI 52100. *Materiais Hoje: Proceedings*, *4*, 9967-9971
11. Cristea, G. C., Georgescu, C., Dima, D., & Deleanu, L. (2018, 7-8 de junho). Influência do grafeno como aditivo no óleo de soja [Apresentação da

conferência] 8º Internacional
Conferência sobre Conceitos Avançados em Engenharia Mecânica - ACME 2018, Iasi, Roménia
12. Cristea, G. C. (2017). Caracterização tribológica do óleo de soja aditivado com nanomateriais à base de carbono (carbono negro, grafite e grafeno), [Tese de doutoramento, Universidade de Galati, Dunarea de Jos, Roménia].
13. Dai, W., Kheireddin, B., Gao, H., & Liang, H. (2016). Papéis das nanopartículas na lubrificação do óleo. *Tribologia Internacional*, *102*, 88-98
14. Erhan, S. Z. (2005). *Industrial Uses of Vegetable Oils*, AOCS Press, Peoria, Illinois.
15. Erhan, S. Z., Sharma, B. K., & Perez, J. M. (2006). Oxidação e estabilidade a baixa temperatura de lubrificantes à base de óleo vegetal. *Industrial Crops and Products*, *24*, 292-299
16. Fiebig, H.J. (2011). *Fatty acid composition of important plant and animal fats and oils*, Munster. http://www.dgfett.de/material/fszus.php
17. Gangwani, P., Gupta, M. K., & Bijwe, J. (2017). Sinergismo entre partículas de PTFE e hBN para melhorar o desempenho dos óleos. *Wear*, *384-385*, 169-177
18. Georgescu, C., Cristea, G.C., Solea, C. L., Deleanu, L., & Sandu, I. G. (2018). Inflamabilidade de alguns óleos vegetais em superfície quente. *Revista de chimie*, *69*(3), 668-673
19. Georgescu, C., Solea, L. C., Cristea, G. C., & Deleanu, L. (2015). Sobre a capacidade de lubrificação do óleo de colza. Recent *Advances in Mechanics and Materials in Design*, *5533*, Ponta Delgada, Açores, Portugal
20. Gow, G. (2009). *Lubricating Grease In: Chemistry and Technology of Lubricants*, 3rd edition, (Mortimer R, Fox M Orszulik S, Ed.), Springer, Dordrecht
21. Gu, K., Chen, B., Wang, X., Wang, J., Fang, J., Wu, J., & Huan, L. (2014). Preparação, fricção e propriedades de desgaste de nanobastões de borato de lantânio hidrofóbico em óleo de colza. *Transacções da Sociedade de Metais Não Ferrosos da China*, *24*, 3578-3584
22. Gulzar, M., Masjuk, H. H., Varman, M., Kalam, M. A., Mufti, R. A., Zulkifli, N. W. M., Yunus, R., & Zahid, R. (2015). Melhoria da capacidade AW/EP do óleo de palma quimicamente modificado através da adição de nanopartículas de CuO e MoS2. *Tribologia Internacional*, *88*, 271-279
23. Habereder, T., Moore, D., & Lang, M. (2008). *Eco Requirements for Lubricant Additives in Lubricant Additive Chemistry and Applications*, 2nd edition, Chapter 26, (Rudnick, L R ,Ed.) CRC Press, Boca Raton
24. Ilie, F., & Covaliu, C. (2016). Propriedades tribológicas do lubrificante

contendo nanopartículas de dióxido de titânio como aditivo. *Lubrificantes*, *4*, 12
25. Ingole, S., Charanpahari, A., Kakade, A., Umare, S., S., Bhatt, D., V., & Menghani, J. (2013). Comportamento tribológico do nano TiO2 como aditivo no óleo de base. *Wear*, *301*, 776-785
26. Ionescu, T. F., Guglea, D., Georgescu, C., Dima, D., & Deleanu, L. (2020). Influência da concentração de ZnO no óleo de colza no comportamento tribológico. *Série de conferências IOP: Ciência e Engenharia de Materiais*, *724*(1). https://doi.org/10.1088/1757-899X/724/1/012045
27. Ionescu, T. F., Guglea, D., Georgescu, C., Dima, D., & Deleanu, L. (2020). Óleo de colza com aditivos antidesgaste no testador de quatro bolas. *Série de conferências IOP: Ciência e Engenharia de Materiais*, *997*. https://iopscience.iop.org/article/10.1088/1757-899X/997/1/012013.
28. Ionescu, T.F., Guglea, D., Deleanu, L., Alexandru, P., & Georgescu, C. (2019). Comportamento tribológico do óleo de colza grosso aditivado com nanopartículas de óxido de zinco. *Anais do EngineeringSciences*, *1*(1). doi: 10.24874/PES01.01.002
29. lonescu, T.F., Sorcaru, A.A., Guglea, D., Cristea, G.C., Georgescu, C., & Deleanu, L. (2020). Óleo de colza aditivado com nitreto de boro hexagonal. *INCAS BULLETIN*, *12*, 63-72. https://doi.org/10.13111/2066-8201.2020.12.2
30. lonescu, T.F., §olea, L.C., Guglea, D., Georgescu, C., & Deleanu, L. (2019). Avaliação da apreensão em quatro testadores de bola para óleo de colza. *Ensaios mecânicos e diagnóstico*, *IX*(3), 18-23
31. Ionescu, T.F., Cristea, G.C., Guglea, D., Dima, D., Georgescu, C., & Deleanu, L. (2020, 26-27 de novembro). Curvas de desgaste-carga em regime severo para óleo de colza aditivado com ZnO. 8ª Conferência Internacional sobre Ciência e Tecnologias de Materiais - ROMat 2020, Bucareste, Roménia
32. Jatti, V., & Kumar, V. (2015). Nano-partículas de óxido de titânio como aditivos anti-desgaste e de redução de atrito em óleo lubrificante. *Jornal de Pesquisa Química e Farmacêutica*, *7*(4), 1049-1055
33. Laad, M., Kumar, V., & Jatti, S. (2018). Nanopartículas de óxido de titânio como aditivos no óleo do motor. *Jornal da Universidade Rei Saud - Ciências da Engenharia*, *30*, 116122
34. Liu, Z., Sharma, B. K., Erhan, S. Z., Biswas, A., Wang, R., & Schuman, T. P. (2015). Oxidação e estabilidade a baixa temperatura de lubrificantes polimerizados à base de óleo de soja. *Thermochimica Ata*, *601*, 9-16
35. Luna, F. M. T., Rocha, B. S., Rola Jr., E. M., Albuquerque, M. C.G., Azevedo, D. C. S., & Cavalcante Jr., C. L. (2011). Avaliação da biodegradabilidade e estabilidade à oxidação de amostras de óleos minerais,

vegetais e sintéticos. *Culturas e Produtos Industriais, 33,* 579-583
36. Mariano, G. (2009). Seleção e aplicação de lubrificantes sólidos como modificadores de fricção em Lubricant Additives, (Rudnick, L. R., Ed.), 173
37. Meng, Y.; Su, F.; & Chen, Y. (2016). Síntese de Fluido Supercrítico e Aplicações Tribológicas de Grafeno Decorado com Nanopartículas de Prata em Nanofluido de Óleo de Motor. Rep. *Sci.*, *6*(31246)
38. Miller, M. (2008). *Additives for bioderived and biodegradable lubricants Lubricant Additive Chemistry and Applications*, 2nd edition, Chapter 18, (Rudnick L R, Erhan S. Z., Ed.), CRC Press, Taylor and Francis Group
39. Paredes, X., Comunasa, M. J. P., Pensado, A. S., Bazile, J.P., Boned, C., & Fernandez, J. (2014). Caracterização da viscosidade a alta pressão de quatro óleos hidráulicos vegetais e minerais. *Culturas e Produtos Industriais*, *54*, (2014), 281-290
40. Quinchia, L. A., Delgado, M. A., Valencia, C., Franco, J.M., & Gallegos, C. (2010). Modificação da viscosidade de diferentes óleos vegetais com copolímero EVA para aplicações em lubrificantes. *Culturas e Produtos Industriais*, *32*, 607-612
41. Rakopoulos, D. C., Rakopoulos, C. D., Giakoumis, E. G., Dimaratos, A. M., & Founti, M. A. (2011). Comparative environmental behavior of bus engine operating on blends of diesel fuel with four straight vegetable oils of Greek origin: sunflower, cottonseed, corn and olive. *Fuel*, *90*, 3439-3446
42. Rudnick, L. R. (2009). *Lubricant additives. Chemistry and applications*, Second Edition, CRC Press, Taylor & Frances Group
43. Sanukrishna, S. S., & Prakash, M., J. (2018). Estudos experimentais sobre o comportamento térmico e reológico do nanolubrificante TiO2-PAG para sistema de refrigeração. *Jornal Internacional de Refrigeração*, *86*, 356-372
44. Shahnazar, S., Bagheri, S., & Hamid, S. B. A. (2016). Melhorando as propriedades do lubrificante por aditivos de nanopartículas. *Revista internacional de energia de hidrogénio*, *41*, 3153-3170
45. Spikes, H. A. (2002). Aditivos formadores de película - formas directas e indirectas de reduzir a fricção. *Ciência da Lubrificação*, *14*, 147
46. Sunqing, Q., Junxiu, D., & Guoxu, C. (1999). Uma revisão das partículas ultrafinas como aditivos anti-desgaste e modificadores de fricção em óleos lubrificantes. *Ciência da Lubrificação*, *11*, 217
47. Syahrullai, S., Ani, F. H., & Golshkouh, I. (2013). Característica de resistência ao desgaste do óleo vegetal. A 2ª Conferência Internacional sobre Engenharia de Materiais Sustentáveis, Penang, Malásia, 44-47
48. Tang, Z., & Li, S. (2017). Uma revisão dos desenvolvimentos recentes de modificadores de atrito para lubrificantes líquidos (2007-presente). *Opinião*

atual em Ciência do Estado Sólido e dos Materiais, 18, 119-139

49. Tarrago-Trani, M. T., Phillips, K. M., Lemar, L. E., & Holden, J. M. (2006). Revisão. Óleos e gorduras novos e existentes utilizados em produtos com teor reduzido de ácidos gordos trans. Base de dados de nutrientes. *Journal of the American Dietetic Association, 24* (2006), 867-880
50. Uflyand, I., E., Zhinzhilo, V., A., & Burlakova, V., E. (2019). Nanomateriais contendo metais como aditivos para lubrificantes: Estado da arte e desenvolvimento futuro. *Friction, 7* (2), 93-116. https://doi.org/10.1007/s40544-019-0261-y
51. Wang, M. (2014). *Biolubricants and biolubrication*, [Dissertação de doutoramento KTH Royal Institute of Technology, Estocolmo]
52. Wang, R., & Schuman, T. P. (2015). Oxidação e estabilidade a baixa temperatura de lubrificantes polimerizados à base de óleo de soja. *Thermochimica Ata, 601*, 9-16
53. Wu, Y. Y., Tsui, W. C., & Liu, T. C. (2007). Análise experimental das propriedades tribológicas de óleos lubrificantes com aditivos de nanopartículas. *Wear, 262*(7-8), 819825
54. Xiao, H., & Liu, S. (2017). Nanomateriais 2D como aditivo lubrificante: Uma revisão. *Materiais e Design, 135*, 319-332
55. Zulkifli, N. W. M., Kalam, M. A., Masjuki, H. H., & Yunus, R. (2013). Análise experimental das propriedades tribológicas do biolubrificante com aditivo de nanopartículas. *Procedia Engineering, 68*, 152-157
56. Joly-Pottuz, L., et al. (2008). Mecanismos anti-desgaste e de redução da fricção de nano-iões de carbono como aditivos lubrificantes. Tribology Letters, 30(1), pp. 69-80.
57. Eswaraiah, V, Sankaranarayanan, V, Ramaprabhu, S. (2011). Nanofluidos de óleo de motor à base de grafeno para aplicações tribológicas. *ACS Appl Mater Interfaces*, 3(11), pp. 4221-4227.
58. Berman, D., Erdemir A., Zinovev, A.V., Sumant A. V. (2015). Propriedades de fricção em nanoescala do grafeno e do óxido de grafeno, *Diamond & Related Materials*, 54, pp. 91-96.
59. Berman, D., Erdemir, A., Sumant A. V. (2013). Poucas camadas de grafeno para reduzir o desgaste e o atrito, em superfícies de aço deslizantes, *Carbono*, 54, pp. 454-459.
60. Lin, J, Wang, L, Chen, G. (2011). Modificação de plaquetas de grafeno e suas propriedades tribológicas como aditivo lubrificante. *Tribology Letters*, 41(1), pp. 209215.
61. Lee, K., Hwang, Y., Cheong, S., Choi, Y., Kwon, L., Lee, J. et al. (2009). Understanding the role of nanoparticles in nano-oil lubrication, *Tribology*

Letters, pp. 35-127.
62. Hwang, Y., Lee, C, Choi, Y, et al. (2011). Efeito do tamanho e da morfologia das partículas dispersas em nanoóleo no desempenho de fricção entre discos rotativos. J Mech Sci Technol, 25(11), pp. 2853-7.
63. Pierson, H. O. (1993). *Handbook of carbon, graphite, diamond and fullerenes properties, Processing and applications*, Noyes Publications, New Jersey.
64. Novoselov, K. S. et al. (2004). Efeito do campo elétrico em películas de carbono atomicamente finas, *Science*, 306, 666.
65. Lee, Y.-H., Lee J.-H., (2010). Crescimento escalável de bolachas de grafeno autónomo com catalisador de cobre (Cu) em substrato de SiO2/SiSiO2/Si: Condutividade térmica das bolachas. Appl. Phys. Lett. 96 083101.
66. Biresaw, G., Bantchev, G. B. (2013). Coeficiente de viscosidade de pressão de óleos vegetais. *Tribology Letters*, 49, pp. 501-512.
67. Brodnjak-Voncina, D., Kodba, Z. C., Novic, M. (2005). Análise multivariada de dados na classificação de óleos vegetais caracterizados pelo teor de ácidos gordos, *Chemometrics and Inteligent Laboratory Systems*, 75, pp. 31-43.
68. Demirbas, A. (2009). Political, economic and environmental impacts of biofuels: A review, *Applied Energy*, 86, pp. S108-S117, 2009.
69. Fernandez, I., Ortiz, A., Delgado, F., Renedo, C., Perez, S. (2013). Avaliação comparativa de fluidos alternativos para transformadores de potência, *Electric Power Systems Research*, 98, pp. 58-69.
70. Solea L., C., (2013). Contributii la studiul comportarii reologice si tribologice a unor lubrifianji biodegradabili pe baza de uleiuri vegetale, Teza de doctorat, Universitatea -Dunarea de Josll, Galati.
71. Wan Nik, W., Ani, F. N., Masjuki, H. H., Eng Giap, S. G. (2005). Rheology of bioedible oils according to several rheological models and its potential as hydraulic fluid, *Industrial Crops and Products*, 22, pp. 249-255.
72. Mustafa, E.T., Gerpen, J.H.V, (1999). The Kinematic viscosity of biodiesel and its blends with diesel fuel, *J. Am. Oil Chem. Soc.*, 76, pp. 1511-1513,
73. Kosmert, T., Abramovic, H., Klofutar, C. (2000). The reological properties of Slovenian wines, *Journal of Food Engineering*, 46, pp. 165-171.
74. Ashour, M.; Mohamed, A.; Elshalakany, A.B.; Osman, T.; Khatab, A. Comportamento reológico da massa lubrificante de lítio com nanocompósito híbrido CNTs/GNPs como aditivo. Ind. Lubr. Tribol. **2018**, 70, 331-338.
75. Kerni, L.; Raina, A.; Haq, M.I.U. Atrito e desempenho de desgaste do azeite contendo nanopartículas em regimes de lubrificação limite e mista. Wear **2019**, 426-427, 819-827.

76. Cigno, E.; Magagnoli, C.; Pierce, M.S.; Iglesias, P. Capacidade de lubrificação de dois líquidos iónicos à base de fosfónio como aditivos de um bio-óleo para utilização em caixas de velocidades de turbinas eólicas. Wear **2017**, 376-377, 756-765.
77. Ouyang, T.; Huang, H.; Zhang, N.; Mo, C.; Chen, N. Um modelo para prever o desempenho tribodinâmico de um par de engrenagens de dentes rectos. Tribol. Int. **2017**, 116, 449-459.
78. Pu, W.; Zhang, Q.; Zhang, W.; Ren, S.; Chen, Z.; Tian, T. Temperatura de inflamação e mecanismos de crescimento de tribofilme antidesgaste por contacto de asperezas no conjunto anel superior/forro de motores de combustão interna. Tribol. Int. **2020**, 146, 106186.
79. Ouyang, T.; Huang, G.; Chen, J.; Gao, B.; Chen, N. Investigação dos desempenhos lubrificantes e dinâmicos de engrenagens de dentes rectos de alta velocidade com base na teoria tribo-dinâmica. Tribol. Int. **2019**, 136, 421-431.
80. Bayat, R.; Lehtovaara, A. Transição EHL/mista de óleos de engrenagens totalmente formulados e aceitáveis do ponto de vista ambiental. Tribol. Int. **2020**, 146, 106158.
81. Yu, R.; Liu, J.; Zhou, Y. Estudo experimental da propriedade tribológica da nanopartícula MoS2 em óleo de rícino. J. Tribol. **2019**, 141, 102001.
82. Zhu, J.C.; Qi, J.; Guan, D.; Ma, L.; Dwyer-Joyce, R. Tribological behaviour of selflubricating Mg matrix composites reinforced with silicon carbide and tungsten disulfide. Tribol. Int. **2020**, 146, 106253.
83. Desai, J.A.; Bandyopadhyay, A.; Min, M.; Saenz, G.; Kaul, A.B. Um sensor foto-capacitivo operacional de 6 K a 350 K com uma solução imprimível, dielétrico de nitreto de boro hexagonal (h-BN) termicamente robusto e eléctrodos condutores de grafeno. Appl. Mater. Hoje **2020**, 20, 100660.
84. Liu, Y.F.; Ge, X.Y.; Li, J.J. Graphene lubrication. Appl. Mater. Hoje **2020**, 20, 100662.
85. D'Elia, E.; Ahmed, H.S.; Feilden, E.; Saiz, E. Compósitos com memória de forma à base de grafeno eletricamente sensíveis. Appl. Mater. Hoje **2019**, 15, 185-191.
86. Fan, K.; Chen, X.Y.;Wang, X.; Liu, X.K.; Liu, Y.; Lai,W.C.; Liu, X.Y. Rumo a um excelente desempenho tribológico como aditivo para lubrificantes à base de óleo: Comportamento tribológico particular do grafeno fluorado. ACS Appl. Mater. Interfaces **2018**, 10, 28828-28838.
87. Ashour, M.E.; Osman, T.A.; Khattab, A.; Elshalakny, A.B. Novel Tribological Behavior of Hybrid MWCNTs/MLNGPs as an Additive on Lithium Grease. J. Tribol. **2017**, 139, 041801.
88. Berman, D.; Deshmukh, S.A.; Sankaranarayanan, S.K.R.S.; Erdemir, A.;

Sumant, A.V. Macroscale superlubricity enabled by graphene nanoscroll formation. Science **2015**, 348, 1118-1122.
89. Meng, Y.; Su, F.; Chen, Y. Au/Nanocompósito de óxido de grafeno sintetizado em fluido de CO2 supercrítico como aditivo lubrificante com eficiência energética. ACS Appl. Mater. Interfaces **2017**, 9, 39549-39559.
90. Verma, D.K.; Kumar, B.; Kavita; Rastogi, R.B. Zinc Oxide- and Magnesium- Doped Zinc Oxide-Decorated Nanocomposites of Reduced Graphene Oxide as Friction and Wear Modifiers. ACS Appl. Mater. Interfaces **2018**, 11, 2418-2430.
91. Nehme, G.; Mourhatch, R.; Aswath, P. Effect of contact load and lubricant volume on the properties of tribofilms formed under boundary lubrication in a fully formulated oil under extreme load conditions. Wear **2010**, 268, 1129-1147.
92. Nehme, G. O efeito dos catalisadores FeF3/TiF3 no desempenho térmico e tribológico do óleo simples ZDDP sob carga de pressão extrema. Wear **2012**, 278279, 9-17.
93. He, A.S.; Huang, S.Q.; Yun, J.H.; Jiang, Z.Y.; Stokes, J.; Jiao, S.H.; Wang, L.Z.; Huang, H. O comportamento estrutural e tribológico dependente do pH de suspensões aquosas de óxido de grafeno. Tribol. Int. **2017**, 116, 460-469.
94. Zvereva, E.R.; Khabibullina, R.V.; Akhmetvalieva, G.R.; Makarova, A.O.; Zueva, O.S. Influência dos nanoaditivos nas propriedades reológicas do óleo combustível. In Proceedings of the International Conference "Atual Issues of Mechanical Engineering" 2017 (AIME 2017), Tomsk, Rússia, 27-29 de julho de 2017; Atlantis Press: Amesterdão, Holanda, 2017.
95. Dinesh, R.; Prasad, M.G.; Kumar, R.R.; Santharaj, N.J.; Santhip, J.; Raaj, A.A. Investigação das propriedades tribológicas e termofísicas do óleo de motor com nano aditivos. Mater. Hoje Proc. **2016**, 3, 45-53.
96. Kamel, B.M.; El-Kashif, E.; Hoziefa, W.; Shiba, M.S.; Elshalakany, A.B. O efeito da adição de híbridos MWCNTs/GNs nas propriedades tribológicas e reológicas do óleo lubrificante para motores. J. Dispers. Sci. Technol. **2020**, 42, 18111819.
97. Babu, D.; Anand, R. Influência da regulação da injeção de combustível e da pressão de abertura dos bicos injetores num motor diesel assistido por CRDI alimentado com biodiesel-diesel-álcool. Em
Eco-Fuels for a Sustainable Environment (Combustíveis ecológicos para um ambiente sustentável); Elsevier: Amesterdão, Países Baixos, 2019; pp. 353-390.
98. Balakrishnan, J.; Pramila, J. Um valor de eminência do óleo diesel de hidrocarbonetos com viscosidade, densidade, ponto de inflamação, ponto de anilina e destilação. Mater. Today Proc. **2020**, 33, 4015-4019.
99. Braun, J.L.; Olson, D.H.; Gaskins, J.T.; Hopkins, P.E. A steady-state the

reflectance method to measure thermal conductivity. Rev. Sci. Instrum. **2019**, 90, 024905.
100. Hoffmann, J.F.; Henry, J.F.; Vaitilingom, G.; Olives, R.; Chirtoc, M.; Caron, D.; Py, X. Dependência da temperatura da condutividade térmica de óleos vegetais para utilização em centrais de energia solar concentrada, medida pelo método do fio quente 3omega. Int. J. Therm. Sci. **2016**, 107, 105-110.
101. Guo, W.; Li, G.; Zheng, Y.; Dong, C. Medição da condutividade térmica de nanofluidos de SiO2 com um método optimizado de fio quente transiente. Thermochim. Ata **2018**, 661, 84-97.
102. Kommandur, S.; Yee, S. Uma técnica suspensa de 3 ômegas para medir a condutividade térmica anisotrópica de polímeros semicondutores. Rev. Sci. Instrum. **2018**, 89, 114905.
103. Sajith, V.; Mohiddeen, M.D.; Sajanish, M.B.; Sobhan, C.B. Uma investigação do efeito da adição de nanopartículas nas propriedades do óleo lubrificante. Heat Transf. Summer Conf. **2007**, 42754, 329-335.
104. Abdullah, M.A.; Saleman, S.A.; Tamaldin, N.; Suhaimi, M.S. Reduzindo o desgaste e o atrito por meio de misturas de lubrificantes. Procedia Eng. **2013**, 68, 338-344.
105. Jakubek, B.; Barczewski, R. A influência da viscosidade cinemática de um lubrificante nas vibrações de rolamentos de banda larga em termos de amplitude. Diagnostyka **2019**, 20, 93-102.
106. Syahrullail, S.; Ani, F.N.; Golshokouh, I.Wear Resistance Characteristic of Vegetable Oil. Adv. Mater. Res. **2013**, 795, 42-46.
107. Do Valle, C.P.; Silva Rodrigues, J.; Fechine, L.M.U.D.; Cunha, A.P.; Queiroz Malveira, J.; Luna, F.M.T.; Ricardo, N.M.P.S. Chemical modification of Tilapia oil for biolubricant applications. J. Clean Prod. **2017**, 191, 158-166.
108. Choi, Y.; Lee, C.; Hwang, Y.; Park, M.; Lee, J.; Choi, C.; Jung, M. Tribological behavior of copper nanoparticles as additives in oil. Curr. Appl. Phys. **2009**, 9, e124-e127.
109. Yu, H.-L.; Xu, Y.; Shi, P.J.; Xu, B.S.; Wang, X.L.; Liu, Q. Propriedades tribológicas e mecanismos de lubrificação de nanopartículas de Cu em lubrificante. Trans. Nonferrous Met. Soc. China **2008**, 18, 636-641.
110. Kamel, B.M.; Tirth, V.; Algahtani, A.; Shiba, M.S.; Mobasher, A.; Abu Hashish, H.; Dabees, S. Otimização das propriedades reológicas e desempenho tribológico do óleo base SAE 5w-30 com MWCNTs adicionados. Lubricants **2021**, 9, 94.
111. Singh, N.K.; Singh, Y.; Sharma, A.; Chinnasamy, V.; Palamanit, A. Características reológicas e desempenho tribológico do nanoóleo à base de biodiesel de neem adicionado com MWCNT. Conversão de biomassa.

Biorefinaria **2021**.

112. Fergusan, C.; Kirkpatrick, A.T. Internal Combustion Engines; John Wiley & Sons: Hoboken, NJ, EUA, 2001.

113. Esfe, M.H.; Afrand, M.; Yan,W.-M.; Yarmand, H.; Toghraie, D.; Dahari, M. Effects of temperature and concentration on rheological behavior of MWCNTs/SiO 2 (20-80)-SAE40 hybrid nano-lubricant. Int. Commun. Heat Mass Transf. **2016**, 76, 133-138.

114. Mohamed, A.; Khalil, A.M.; Osman, T.; Kamel, B.M. Desenvolvimento e fabrico de um teste de máquina de lubrificação automatizado para nano massa lubrificante. J. Mater. Res. Technol. **2020**, 9, 2054-2062.

115. Kamel, B.M.; Mohamed, A.; El-Sherbiny, M.; Abed, K. Comportamento tribológico de massa lubrificante de cálcio contendo aditivos de nanotubos de carbono. Ind. Lubr. Tribol. **2016**, 68, 723-728.

116. Kamel, B.M.; Mohamed, A.; El-Sherbiny, M.; Abed, K. Reologia e condutividade térmica de massa lubrificante de cálcio contendo nanotubos de carbono de paredes múltiplas. Full- Nanotub. Nanoestruturas de carbono **2016**, 24, 260-265.

117. Ashour, M.; Mohamed, A.; Elshalakany, A.B.; Osman, T.; Khatab, A. Comportamento reológico da massa lubrificante de lítio com nanocompósito híbrido CNTs/GNPs como aditivo. Ind. Lubr. Tribol. **2018**, 70, 331-338.

118. Zhang, X.; Guo, Y.; Li, Y.; Liu, Y.; Dong, S. Preparação e propriedades tribológicas de nanocompósitos de titanato de potássio-Ti3C2Tx como aditivos em óleo de base. Chin. Chem. Lett. **2019**, 30, 502-504.

119. Bhaumik, S.; Pathak, S. Analysis of Anti-Wear Properties of CuO Nanoparticles as Friction Modifiers in Mineral. Oil (460cSt Viscosity) Using Pin-On-Disk Tribometer. Tribol. Ind. **2015**, 37, 196-203.

120. Tiruvenkadam, N.; Thyla, P.; Senthilkumar, M.; Bharathiraja, M.; Murugesan, A. Síntese de um novo revestimento compósito nano-híbrido de alumínio para poupança de energia em motores a gasóleo. Energy Convers. Manag. **2015**, 98, 440-448.

121. Rezasoltani, A.; Khonsari, M. Experimental investigation of the chemical degradation of lubricating grease from an energy point of view. Tribol. Int. **2019**, 137, 289-302.

122. Gurt, A.; Khonsari, M. A utilização da entropia na modelação da degradação mecânica da massa lubrificante. Lubrificantes **2019**, 7, 82.

123. Zhou, Y.; Bosman, R.; Lugt, P.M. A Master Curve for the Shear Degradation of Lubricating Greases with a Fibrous Structure (Uma curva mestre para a degradação por cisalhamento de graxas lubrificantes com uma estrutura fibrosa). Tribol. Trans. **2018**, 62, 78-87.

124. Joly-Pottuz, L.; Dassenoy, F.; Vacher, B.; Martin, J.; Mieno, T. Atrito ultrabaixo e comportamento de desgaste de nanotubos de carbono de parede única (SWNTs) à base de Ni/Y. Tribol. Int. **2004**, 37, 1013-1018.
125. Zvereva, E.R.; Khabibullina, R.V.; Akhmetvalieva, G.R.; Makarova, A.O.; Zueva, O.S. Influência dos nanoaditivos nas propriedades reológicas do óleo combustível. In Proceedings of the International Conference "Atual Issues of Mechanical Engineering" 2017 (AIME 2017), Tomsk, Rússia, 27-29 de julho de 2017; Atlantis Press: Amesterdão, Holanda, 2017.
126. Ettefaghi, E.-O.-L.; Ahmadi, H.; Rashidi, A.; Nouralishahi, A.; Mohtasebi, S.S. Preparação e propriedades térmicas de nanofluido à base de óleo a partir de nanotubos de carbono de paredes múltiplas e óleo de motor como nano-lubrificante. Int. Commun. Heat Mass Transf. **2013**, 46, 142-147.
127. Dinesh, R.; Prasad, M.G.; Kumar, R.R.; Santharaj, N.J.; Santhip, J.; Raaj, A.A. Investigação das propriedades tribológicas e termofísicas do óleo de motor com nano aditivos. Mater. Hoje Proc. **2016**, 3, 45-53.
128. Saxena, A.; Gangwar, S.; Ghosh, G.K.; Patel, R.K.; Chaudhary, V. Análise das propriedades reológicas dos nanolubrificantes MWCNT/grafeno do óleo hibridizar (SAE EP-90). Mater. Hoje Proc. **2020**, 33, 5313-5316.
129. Khalil, W.; Mohamed, A.; Bayoumi, M.; Osman, T.A. Thermal and Rheological Properties of Industrial Mineral Gear Oil and Paraffinic Oil/CNTs Nanolubricants [Propriedades térmicas e reológicas do óleo de engrenagem mineral industrial e dos nanolubrificantes de óleo parafínico/CNTs]. Irão. J. Sci. Technol. Trans. Mech. Eng. **2017**, 42, 355-361.
130. Khalil,W.; Mohamed, A.; Bayoumi, M.; Osman, T.A. Tribological properties of dispersed carbon nanotubes in lubricant. Fullerenes Nanotub. Nanoestruturas de carbono **2016**, 24, 479-485.
131. Mohamed, A.; Osman, T.; Toprak, M.; Muhammed, M.; Uheida, A. Nanofibras compostas funcionalizadas de superfície para remoção eficiente de arsénio de soluções aquosas. Chemosphere **2017**, 180, 108-116.
132. Mohamed, A.; El-Sayed, R.; Osman, T.; Toprak, M.; Muhammed, M.; Uheida, A. Nanofibras compostas para a degradação fotocatalítica altamente eficiente de corantes orgânicos de água contaminada. Environ. Res. **2016**, 145, 18-25.
133. Kamel, B.M.; El-Kashif, E.; Hoziefa, W.; Shiba, M.S.; Elshalakany, A.B. O efeito da adição de híbridos MWCNTs/GNs nas propriedades tribológicas e reológicas do óleo lubrificante para motores. J. Dispers. Sci. Technol. **2021**, 42, 18111819.
134. Zhang, X.F.; Dong, H.X.; Xu, Z.Y.; Li, K.W.; Qin, M. Síntese, físico-química e caraterização tribológica de nanolubrificante contendo nanocolóide de

Cu como aditivo. Adv. Mater. Res. **2013**, 860-863, 18281833.
135. Emiroglu, M.; Douba, A.E.; Tarefder, R.A.; Kandil, U.F.; Taha, M.R. New Polymer Concrete with Superior Ductility and Fracture Toughness Using Alumina Nanoparticles. J. Mater. Civ. Eng. **2017**, 29, 04017069.
136. Wang, B.; Pang, B. The Influence of N,N-Dimethylformamide on Dispersion of Multi-Walled Carbon Nanotubes [A influência da N,N-Dimetilformamida na dispersão de nanotubos de carbono de paredes múltiplas]. Russ. J. Phys. Chem. A **2020**, 94, 810-817.
137. Tijerina, J.T.; Castillo, F.; Leal, J.; Paras, L.P.; Cortes, D.M.; Cruz, C.; Garda, G.G.; Garda, P. Nanopartículas de Zn e ZnO como aditivos de extrema pressão (EP) para lubrificantes. J. Appl. Res. Technol. **2018**, 16.
138. Yadav, G.; Tiwari, S.; Jain, M. Análise tribológica das propriedades de extrema pressão e anti-desgaste do óleo lubrificante para motores utilizando um aparelho de ensaio de quatro esferas. Mater. Today Proc. **2018**, 5, 248-253.
139. Babu, D.; Anand, R. Influência do combustível. Em Avanços em Eco-Combustíveis para um Ambiente Sustentável; Elsevier: Amesterdão, Países Baixos; Universidade Central de Queensland: Rockhampton, Austrália, 2019; pp. 353-390.
140. Balakrishnan, J.; Pramila, J. Um valor de eminência do óleo diesel de hidrocarbonetos com viscosidade, densidade, ponto de inflamação, ponto de anilina e destilação. Mater. Today Proc. **2020**, 33, 4015-4019.
141. Braun, J.L.; Olson, D.H.; Gaskins, J.T.; Hopkins, P.E. A steady-state thermoreflectance method to measure thermal conductivity. Rev. Sci. Instrum. **2019**, 90, 024905.
142. Hoffmann, J.-F.; Henry, J.-F.; Vaitilingom, G.; Olives, R.; Chirtoc, M.; Caron, D.; Py, X. Dependência da temperatura da condutividade térmica de óleos vegetais para utilização em centrais de energia solar concentrada, medida pelo método do fio quente 3omega. Int. J. Therm. Sci. **2016**, 107, 105-110.
143. Guo, W.; Li, G.; Zheng, Y.; Dong, C. Medição da condutividade térmica de nanofluidos de SiO2 com um método optimizado de fio quente transiente. Thermochim. Ata **2018**, 661, 84-97.
144. Kommandur, S.; Yee, S. Uma técnica suspensa de 3 ômegas para medir a condutividade térmica anisotrópica de polímeros semicondutores. Rev. Sci. Instrum. **2018**, 89, 114905.
145. Kleizien e, R.; Paliukait ' e, M.; Vaitkus, A. Efeito da modificação de nano SiO2, TiO2 e ZnO nas propriedades reológicas do betume puro e modificado com polímero. No Simpósio Internacional sobre Pavimento de Asfalto e Meio Ambiente; Springer: Berlim, Alemanha, 2019.
146. Sajith, V.; Mohiddeen, M.; Sajanish, M.B.; Sobhan, C.B. Uma

investigação do efeito da adição de nanopartículas nas propriedades do óleo lubrificante. In Proceedings of the Heat Transfer Summer Conference, Vancouver, Canadá, 812 de julho de 2007.

147. Pownraj, C.; Arasu, A.V. Effect of dispersing single and hybrid nanoparticles on tribological, thermo-physical, and stability characteristics of lubricants: A review. J. Therm. Anal. Calorim. **2021**, 143, 1773-1809.

148. Pourpasha, H.; Heris, S.Z.; Mahian, O.;Wongwises, S. O efeito da concentração de nanofluidos de nanotubos de carbono de paredes múltiplas/óleo de turbina nas propriedades termofísicas dos lubrificantes. Powder Technol. **2020**, 367, 133-142.

149. Han, Z.; Fina, A. Condutividade térmica dos nanotubos de carbono e dos seus nanocompósitos poliméricos: Uma revisão. Prog. Polym. Sci. **2011**, 36, 914-944.

150. Abdullaha, M.A.; Saleman, S.A.; Tamaldin, N.; Suhaimi, M.S. Reduzindo o desgaste e o atrito por meio de misturas de lubrificantes. Procedia Eng. **2013**, 68, 338-344.

151. Chevalier, J.L.; Petrino, P.; Gaston-Bonhomme, Y. Método de estimativa da viscosidade cinemática de uma mistura em fase líquida. Chem. Eng. Sci. **1988**, 43, 13031309.

152. Horowitz, H.J.I.; Chemistry, E. Predicting effects of temperature and shear rate on viscosity of viscosity index-improved lubricants (Previsão dos efeitos da temperatura e da taxa de cisalhamento na viscosidade de lubrificantes com índice de viscosidade melhorado). Ind. Eng. Chem. **1958**, 50, 1089-1094.

153. Devlin, M.T. Propriedades comuns dos lubrificantes que afectam a eficiência do combustível dos veículos: Uma Perspetiva Histórica Norte-Americana. Lubrificantes **2018**, 6, 68.

154. Syahrullail, S.; Ani, F.N.; Golshokouh, I. Característica de Resistência ao Desgaste do Óleo Vegetal. Adv. Mater. Res. **2013**, 795, 42-46.

MIX
Papier aus verantwortungsvollen Quellen
Paper from responsible sources
FSC® C105338

Printed by Books on Demand GmbH, Norderstedt / Germany